BRENNNESSEL

Das Multitalent – von Salat bis Seife

Lieber ein Stich von der Brennnessel
als von der Rose.

\- John Lyly

(Englischer Dramatiker)

Natasja van der Meer

BRENNNESSEL

Das Multitalent – von Salat bis Seife

Aus dem Niederländischen
von Wiebke Krabbe

ulmer

INHALT

VORWORT

Die Brennnessel kennt wahrscheinlich jeder, und meistens durch eine unangenehme Begegnung. Ich selbst erinnere mich gut, dass ich als Kind einmal in die Brennnesseln gefallen bin und seitdem immer einen großen Bogen um sie gemacht habe. Aber dann habe ich einen Kurs bei Maaike Pfann aka Mevrouw Onkruid (Frau Unkraut) belegt. Wir sollten uns zu Beginn des Kurses eine Pflanze aussuchen, um sie ein Jahr lang zu beobachten und am Ende einen Bericht darüber zu schreiben. Ich entschied mich damals aus einer Laune heraus für die Brennnessel, weil sie die erste Pflanze war, die ich in ihrem Garten sah. Ich sammelte alle Informationen, die ich über die Brennnessel finden konnte, und verfolgte ihre Entwicklung im Laufe der Jahreszeiten genau. Bei meinen Recherchen und Beobachtungen wurde mir allmählich klar, wie wertvoll diese Pflanze ist. Am Ende des Jahres hatte ich so viele Informationen zusammengetragen, dass ich ein Buch über die Brennnessel schreiben konnte – und so kam es.

Brennnesseln sind ein ausgesprochen gesundes Gemüse, denn sie sind reich an Vitaminen, Mineralstoffen und Proteinen. Die meisten Menschen kennen Brennnesseltee und haben sogar schon einmal Brennnesselsuppe gegessen, aber wie wäre es mit leckeren Brennnesselkroketten oder einem selbst gemachten kühlen Brennnesselbier? Seit Jahrhunderten wird die Brennnessel als Heilpflanze gegen die verschiedensten Beschwerden eingesetzt. Sie unterstützt die Harnwege und fördert die Ausscheidung von Stoffwechselprodukten. Die Brennnessel kann auch in der Körperpflege für Shampoo, Conditioner und Seife verwendet werden. Brennnesseln haben stabile Bastfasern, aus denen man Garn und Papier herstellen oder sogar Körbe flechten kann. Ihr natürlicher Farbstoff kann zum Färben von Textilien und zum Malen oder Zeichnen verwendet werden. Die Brennnessel ist nicht nur gesund und gut für den Menschen, mit ihren wertvollen Inhaltsstoffen ist sie auch für Tiere eine hervorragende Ergänzung des täglichen Futters. Viele Tiere leben von oder auf der Pflanze, beispielsweise hübsche Schmetterlinge und andere Insekten. Sogar im Garten macht sich die Brennnessel nützlich: Ihre Inhaltsstoffe gelangen über die Wurzeln in den Boden und helfen anderen Pflanzen, kräftiger zu wachsen.

Kurzum, die Brennnessel ist gut für Mensch, Tier und Pflanze. Wir sollten sie wirklich mehr schätzen! Wie gut, dass sie fast überall wächst und keinerlei Pflege braucht. Solche Pflanzen können wir in unserer ökologisch verarmenden Welt gut gebrauchen. Glücklicherweise erkennen immer mehr Menschen, dass die Brennnessel kein »Unkraut« ist. Ich bin keine Biologin, dies ist also kein wissenschaftliches Werk. Es ist ein praktisches Buch mit einfachen Rezepten und leicht nachvollziehbaren Anleitungen. Ich möchte Sie ermutigen, die Brennnessel kennenzulernen und vielfältig zu nutzen, damit diese Pflanze die Wertschätzung bekommt, die sie verdient.

Natasja

NAME

In diesem Buch benutze ich die Bezeichnung »Brennnessel«, aber eigentlich ist der korrekte Name »Große Brennnessel« oder botanisch *Urtica dioica*. Sie gehört zur Gattung *Urtica* aus der Familie der Brennnesselgewächse oder *Urticaceae*. Die Gattung *Urtica* umfasst etwa 40 Arten, von denen die Große Brennnessel in unseren Breiten die am weitesten verbreitete ist.

Der Name *Urtica* leitet sich ab von dem lateinischen Wort »urere« (brennen), und *dioica* setzt sich aus den griechischen Wörtern »duo« (zwei) und »oikia« (Haus) zusammen. Die Brennnessel ist nämlich eine zweihäusige Pflanze, das bedeutet, es gibt getrennte männliche und weibliche Pflanzen.

VERSCHIEDENES

Schon im Altertum wurde die Brennnessel als Nahrungsmittel, Heilpflanze und zur Gewinnung von Fasern genutzt. Funde belegen, dass die Brennnessel schon vor 5000 Jahren verwendet wurde. Die Eismumie »Ötzi« hatte ein Nesselseil bei sich, und in Dänemark und England wurden in Gräbern aus der Zeit von 3000 bis 1000 v. Chr. Stücke von Nesseltuch gefunden.

Kräuterfrauen, Medizinmänner, Schamanen, Pflanzenkundler und Naturheilerinnen gab es zu allen Zeiten. Viele von ihnen verwendeten die Brennnessel. In der griechischen und römischen Antike setzten die Ärzte die Brennnessel gegen allerlei Beschwerden ein. Bekannte Experten und Expertinnen wie der englische Apotheker Nicholas Culpeper, der schweizerische Naturheilkundler Alfred Vogel und die österreichische Autorin Maria Treben schrieben der Brennnessel große Heilkräfte zu.

Die Brennnessel galt auch als Symbol für Kraft, Liebe, Schutz, Befreiung und Mut. Die Germanen hängten ein Bündel getrockneter Brennnesseln an die Tür, um das Haus oder den Stall vor bösen Geistern zu schützen. Reisende trugen einen Beutel Brennnesseln bei sich, weil man vermutete, die Pflanze könne Mut spenden und böse Gedanken vertreiben.

Auch in Kunst und Kultur begegnet man der Brennnessel. In den alten Märchen der Gebrüder Grimm gibt es mehrere Jungfern, die Kleider aus Brennnesseln herstellen. In Hans Christian Andersens Märchen *Die wilden Schwäne* (1838) muss Prinzessin Elisa in mühevoller Kleinarbeit elf Hemden aus Brennnesseln weben, um den Fluch zu bannen, der ihre elf Brüder in Schwäne verwandelt hat.

Mit der Zeit gerieten die Kräfte der Brennnessel in Vergessenheit. Während des Zweiten Weltkriegs wurde sie aus Mangel an nahrhaften Lebensmitteln noch gelegentlich gegessen, und deutsche Soldaten trugen Kleidung aus Nesselstoff, weil anderer Stoff knapp geworden war. Stoffe wurden auch mit Brennnesseln gefärbt, um eine gute Tarnfarbe zu erhalten.

Heute werden Brennnesseln meist als lästiges Unkraut betrachtet, das so schnell wie möglich entfernt werden muss, weil der Garten oder Park sonst ungepflegt und verwildert aussieht. Glücklicherweise beginnen immer mehr Menschen, die Brennnessel (wieder) zu schätzen. Vielleicht kann ich mit diesem Buch ein wenig dazu beitragen.

BOTANIK

Die Brennnessel ist eine mehrjährige Pflanze, die mehr als zwei Meter hoch werden kann. Die Blätter wachsen paarweise gegenständig und haben eine ovale Form mit einer schmalen Spitze und einem grob gezackten Rand. Der gerade Stängel ist viereckig im Querschnitt und trägt – wie die Blätter – Brennhaare. Wenn die Brennhaare abbrechen, wird eine Flüssigkeit freigesetzt. Diese enthält unter anderem Ameisensäure und Histamin, die Hautreizungen und ein brennendes Gefühl hervorrufen. Diese Brennhaare dienen der Pflanze als Schutz vor Fressfeinden.

Brennnesseln haben ein starkes Wurzelsystem, mit dem sie dem Boden viele Nährstoffe entziehen. Brennnesseln wachsen bevorzugt auf stickstoffreichen Böden, sind also eine sogenannte Zeigerpflanze. Mit ihrem Wurzelsystem können sie den Boden durchlüften und Schadstoffe verstoffwechseln, also aus dem Boden entfernen. Wenn die oberirdischen Teile im Herbst absterben, geben sie Nährstoffe an den Boden ab. Auf diese Weise wirkt die Brennnessel wie ein Bodenverbesserer.

Brennnesseln blühen von Juni bis September. Die kleinen Blüten der weiblichen Pflanzen sehen aus wie kleine blassgrüne Kugeln und erinnern ein wenig an Samen. Die Blüten der männlichen Pflanze sehen etwas anders aus. Wenn sie sich öffnen, stoßen sie eine Wolke von Pollen aus, der die weiblichen Blüten befruchtet. Von Juli bis Oktober reifen die Samen in länglichen Trauben. Im Sommer sind sie oft noch grün, später im Herbst werden sie braun.

Brenn|nes|sel *(Substantiv, feminin);* Mehrzahl: *Brennnesseln*
(in mehreren Arten vorkommende) Pflanze mit elliptischen, gesägten Blättern und unscheinbaren gelbgrünen Blüten, bei der Blätter und Stängel mit Haaren besetzt sind, die bei Berührung eine auf der Haut brennende Flüssigkeit abgeben. (Quelle: duden.de)

178. *Urtica dioica L.* **Große Brennnessel.**

INHALTSSTOFFE

Die Brennnessel besitzt eine beeindruckende Anzahl an gesunden Inhaltsstoffen. Sie ist reich an Proteinen, Mineralien, Ballaststoffen, Fetten, Kohlenhydraten und organischen Säuren – all das können wir Menschen gut gebrauchen. Die Pflanze enthält außerdem zahlreiche Vitamine, insbesondere die Antioxidantien A, C und E, sowie Mineralstoffe wie Eisen, Calcium, Magnesium, Phosphor, Silizium und Zink. Aufgrund ihres hohen Proteingehalts ist die Brennnessel ein ausgezeichneter Fleischersatz. Sie enthält viele essenzielle Aminosäuren.

Zum Vergleich: Eine 100-Gramm-Portion frische Brennnesselblätter enthält das Dreifache des empfohlenen Tagesbedarfs an Vitamin A und das Vierfache an Vitamin C. Sie enthält 2,5-mal so viel Protein und 1,5-mal so viel Eisen wie Spinat. In 100 Gramm Brennnessel ist 6-mal mehr Vitamin C enthalten als in einer Orange und doppelt so viel wie in einer Paprika. Die Brennnessel enthält 9-mal mehr Calcium als Brokkoli und 4-mal mehr Magnesium. Eine 100-Gramm-Portion Brennnesselblätter liefert doppelt so viel Eisen wie ein Steak gleichen Gewichts. Kurzum, die Brennnessel ist ein Superfood!

Die Menge der Wirkstoffe hängt davon ab, wann, wo und was man erntet. Die jungen frischen Brennnesselspitzen im Frühjahr haben den höchsten Nährwert. Die Samen enthalten alles in hoch konzentrierter Form, auch fette Öle (30 %), darunter die für uns wichtige Linolsäure. Die Wurzeln enthalten Glycoside und Lektine, die beispielsweise bei gutartiger Prostatavergrößerung hilfreich sind.

Die wichtigsten Wirkstoffe auf einen Blick:

- Aminosäuren (Cholin, Histamin, Serotonin)
- Ballaststoffe
- Chlorophyll
- Fettsäuren (Omega 3 und 6)
- Gerbstoffe (Tannine)
- Kohlenhydrate (Fructose, Glucose)
- Mineralstoffe
    - Calcium
    - Chlor
    - Kalium
    - Magnesium
    - Natrium
    - Phosphor
    - Schwefel
    - Silizium
- Organische Säuren (Zitronensäure, Ameisensäure, Oxalsäure)
- Proteine
- Spurenelemente
    - Eisen
    - Fluor
    - Kupfer
    - Mangan
    - Zink
- Vitamine
    - Vitamin A (Betakarotin)
    - Vitamin B_1
    - Vitamin B_2
    - Vitamin B_3 (Niacin)
    - Vitamin B_5 (Pantothensäure)
    - Vitamin B_6
    - Vitamin B_8 (Biotin)
    - Vitamin B_{11} (Folsäure)
    - Vitamin B_{12} (auf ungewaschenen Blättern)
    - Vitamin C
    - Vitamin E
    - Vitamin K_1

SAMMELN

Brennnesseln sind eigentlich überall zu finden, vor allem in der Nähe von Komposthaufen und Gemüsegärten, an Waldrändern, Ufern, Wiesen und auf Brachflächen – wahrscheinlich auch in der Nähe Ihres Hauses. Geerntet wird am besten an einer Stelle, die nicht zu nahe an einer Straße liegt und an der nicht so viele Hunde vorbeilaufen, obwohl Hunde und Füchse Brennnesseln meist meiden. Beim Sammeln in der Natur sollte man immer genug für die vielen Insekten und Schmetterlinge übrig lassen, die unter anderem von Brennnesseln leben.

In diesem Buch werden oft frische Brennnesselspitzen verwendet. Damit sind die oberen vier bis sechs Blattpaare gemeint. Sie enthalten vor allem im Frühling besonders viel Energie und Wirkstoffe, darum ist es sinnvoll, sich einen Vorrat anzulegen. Wenn man immer nur die oberen Blätter erntet, wächst die Pflanze weiter und liefert im Lauf der Saison immer neue frische Triebspitzen.

Von August bis Oktober lohnt sich auch die Ernte der Samen. Auch hier ist es wichtig, genug für die Insekten und Vögel übrig zu lassen. Die Wurzeln werden am besten im Herbst und Winter ausgegraben, wenn die oberirdischen Teile absterben. Wenn die Fasern verwendet werden sollen, zum Beispiel für die Herstellung von Schnur oder Papier, müssen die Stängel möglichst lang sein. Ideal sind ein Stängeldurchmesser von etwa 1 cm und eine Länge von etwa 1 Meter – Juli bis Oktober sind hierfür ideal. Am besten schneidet man sie dort ab, wo der bräunlich-rote Ansatz in den grünen Teil übergeht.

Wer Hautreizungen bei der Ernte vermeiden will, zieht am besten Gartenhandschuhe an. Ich kann inzwischen Brennnesselspitzen auch mit bloßen Händen pflücken, ohne mich zu »verbrennen«. Dazu fasse ich den Stängel mit Daumen und Zeigefinger direkt unter den Blättern fest an und knicke ihn, um die Spitze abzubrechen. Angeblich soll es auch nicht brennen, wenn man beim Anfassen der Pflanze den Atem anhält. Meiner Erfahrung nach funktioniert es tatsächlich.

Wenn doch Hautreizungen auftreten, schafft der ebenfalls in der Natur weit verbreitete Spitzwegerich schnelle Abhilfe. Er ist leicht an seinen langen, schmalen Blättern mit parallel verlaufenden Adern zu erkennen. Einfach ein paar Blätter zwischen den Fingern zerreiben, sodass etwas Saft austritt. Die gereizte Haut damit einreiben, dann lässt der Schmerz schnell nach.

Frische Brennnesselblätter kann man sogar an Ort und Stelle essen. Dazu einfach ein Blatt fest am Stängel anfassen und abbrechen. Das Blatt zwischen Daumen und Zeigefinger von unten nach oben ziehen, sodass die Brennhaare an der Unterseite abreißen. Danach das Blatt zweimal falten und zwischen den Händen rollen. Danach sind alle Brennhaare abgebrochen!

Brennnesseln halten sich am besten frisch, wenn man sie gleich nach dem Pflücken in einen Korb legt. Wenn sie für eine Speise oder ein Heilmittel genutzt werden sollen, müssen sie so schnell wie möglich verarbeitet werden, bevor die Nährstoffe abgebaut werden. Legen Sie die Brennnesseln trotzdem am besten kurz auf den Gartentisch, damit die Insekten, die noch auf den gepflückten Pflanzenteilen sitzen, Reißaus nehmen können.

Man kann die Brennhaare unschädlich machen, indem man mit einem Nudelholz darüberrollt oder sie mit Öl bestreicht. Alternativ die Blätter in kochendem Wasser blanchieren oder zwei Stunden in kaltes Wasser legen. Zum Trocknen in Bündeln kopfüber an einen trockenen, dunklen, gut belüfteten Platz hängen. Dabei verdunstet dann auch die brennende Flüssigkeit.

Hinweis zum Sammeln: In Deutschland ist es im Bundesnaturschutzgesetz geregelt, ob, was und wie viel man aus der Natur für den Eigengebrauch mitnehmen darf. Aus Naturschutzgebieten etwa darf gar nichts entnommen werden, in Landschaftsschutzgebieten gibt es Einschränkungen.

ESSEN

Wenn alle wüssten, dass in der Brennnessel mehr Nährstoffe stecken als in vielen anderen Gemüsesorten, würden sie sie gewiss häufiger essen. Brennnesseln enthalten zum Beispiel viel mehr Protein, Eisen und Vitamine als Spinat. Sie sind eine gesündere Alternative zu dem in Monokulturen angebauten und gespritzten Gemüse, das wir normalerweise essen. Wegen des hohen Proteingehalts kann man Brennnesseln sogar als Fleischersatz verwenden.

Der Wert von Brennnesseln lässt sich mit Zahlen belegen. 100 Gramm Brennnesseln enthalten 175 % der empfohlenen Tagesdosis an Vitamin C, 40 % der empfohlenen Tagesdosis an Vitamin A, 48 % der empfohlenen Tagesdosis an Calcium und 9 % der empfohlenen Tagesdosis an Eisen. Darüber hinaus ist die Brennnessel reich an wichtigen Mineralien, Spurenelementen, Aminosäuren und Fettsäuren. All diese Nährstoffe tragen dazu bei, das Immunsystem zu stärken, die Eisenaufnahme zu verbessern und uns mehr Energie zu verleihen.

Es gibt eine ganze Reihe von Rezepten, in denen Brennnesseln eine Rolle spielen. Fast jeder hat schon von Brennnesselsuppe gehört, aber was ist mit Brennnesselchips? Man kann Brennnesseln auch wie Spinat dünsten. Sie schmecken ähnlich, aber intensiver und aromatischer.

Wie bereits erwähnt, ist das Frühjahr die beste Zeit, um junge Brennnesseltriebe zu pflücken, weil sie dann besonders reich an Inhaltsstoffen sind. Wenn in diesem Buch von jungen Brennnesselspitzen die Rede ist, sind die oberen vier bis sechs Blattpaare gemeint. Später in der Saison werden die Blätter härter und etwas bitterer, man kann sie aber noch verwenden. Ich empfehle allerdings, im Frühjahr möglichst viele junge Brennnesselspitzen zu sammeln und zu trocknen, damit man später im Jahr einen ausreichenden Vorrat hat.

Frische Brennnesseln sollten vor der Verwendung immer gewaschen und trocken getupft werden!

Alle folgenden Rezepte sind für vier Personen berechnet, sofern nicht anders angegeben.

BRÖTCHEN

Schön knusprig

Ich liebe Brot und Brötchen! Was gibt an einem Sonntagmorgen Schöneres, als frisch Gebackenes aus dem Ofen zu holen? Diese Brötchen bringen durch die Brennnesseln eine Extraportion Nährstoffe wie Proteine, Vitamine und Mineralstoffe mit.

ZUTATEN

FÜR 8 BRÖTCHEN

- 1 TL Hefe
- 350 ml lauwarmes Wasser
- 500 g Vollkornmehl
- 1 TL grobes Meersalz, plus etwas mehr zum Bestreuen
- 2 EL Olivenöl, plus etwas mehr zum Einfetten
- 10 g getrocknete Brennnesselblätter
- 2 TL Brennnesselsamen
- frische Brennnesselblätter zum Garnieren

SO WIRD ES GEMACHT

1. Die Hefe in einer Schüssel mit dem Wasser verrühren und etwa 15 Minuten an einem warmen Ort ruhen lassen.
2. In einer Rührschüssel das Mehl mit dem Salz mischen, die Hefemischung und das Öl hinzufügen. Alles gründlich vermengen, dann auf der Arbeitsfläche kneten. Wenn der Teig zu klebrig ist, noch etwas Mehl hinzufügen. Ist der Teig zu trocken, noch etwas Wasser einarbeiten.
3. Einige Tropfen Öl in die Schüssel geben und den Teig zu einer Kugel formen. Die Teigkugel in die Schüssel legen und mit einem sauberen Geschirrtuch abdecken. An einen warmen Ort stellen, damit der Teig aufgehen kann.
4. Nach 1–2 Stunden sollte der Teig sein Volumen verdoppelt haben. Nochmals gut durchkneten, dabei die Brennnesselblätter und -samen unterarbeiten.
5. Den Backofen auf 180 °C vorheizen.
6. Aus dem Teig acht gleich große Kugeln formen und auf ein mit Backpapier ausgelegtes Backblech legen. Mit dem Geschirrtuch abdecken und weitere 30 Minuten gehen lassen.
7. Die Kugeln mit etwas Olivenöl bestreichen, die zusätzlichen Brennnesselblätter auflegen, leicht andrücken und mit etwas grobem Meersalz bestreuen.
8. Die Brötchen 20-30 Minuten backen. Frisch aus dem Ofen schmecken sie am besten.

Olivenöl

CHIPS

Ungewöhnliche Knabberei

Dieses coole Rezept für knusprige Brennnesselchips wurde speziell für dieses Buch von Maaike Pfann entwickelt. Sie hat überhaupt eine Menge umwerfender Rezepte aus »Unkraut« erfunden. Die Chips schmecken großartig zu einem kalten, selbst gebrauten Brennnesselbier!

SO WIRD ES GEMACHT

1 Die Knoblauchzehen schälen und pressen oder fein hacken. Olivenöl, Apfelessig, Tamari und Knoblauch verrühren und mit Salz und Pfeffer abschmecken. Die Mischung ein paar Stunden ziehen lassen.
2 Den Backofen auf 150 °C vorheizen und ein Backblech mit Backpapier auslegen.
3 Die Würzmischung durch ein feines Sieb gießen, um die Knoblauchstückchen zu entfernen.
4 Die Brennnesselspitzen nacheinander durch die Mischung ziehen und kurz abtropfen lassen oder die Flüssigkeit am Rand eines Tellers abstreifen.
5 Die Blätter nebeneinander auf das Backblech legen.
6 Etwa 10 Minuten backen, bis sie knusprig sind. Nicht verbrennen lassen!

ZUTATEN

- 2 Knoblauchzehen
- 2 EL Olivenöl
- 2 EL Apfelessig
- 2 EL Tamari (oder Sojasauce)
- Salz und Pfeffer
- 2 Handvoll mittelgroße Brennnesselspitzen

ENERGY-RIEGEL

Kraftspender für zwischendurch

Wir wissen schon, dass die Brennnessel eine Art Superfood ist und wertvolle Vitamine, Mineralstoffe, Antioxidantien und Proteine enthält, die uns Energie geben. Gibt man noch Früchte und Nüsse dazu, erhält man echte Kraftpakete – ideal für den Sport.

ZUTATEN

FÜR 8 RIEGEL

- 10 g Brennnesselsamen, plus etwas mehr zum Garnieren
- 25 g Hanfsamen, plus etwas mehr zum Garnieren
- 50 g getrocknete Cranberrys
- 5 Datteln ohne Stein
- 100 g gemischte Nüsse und Mandeln
- 1 g Ringelblumenblütenblätter, plus etwas mehr zum Garnieren
- 1 EL Agavendicksaft
- 1 EL Kokosöl

SO WIRD ES GEMACHT

1. Alle Zutaten in einen Mixer geben und zerkleinern, bis die Masse anfängt zu kleben. Mit den Händen zu einer Kugel formen.
2. Die Frucht-Nuss-Kugel zwischen zwei Lagen Backpapier zu einer rechteckigen, etwa 1 cm dicken Platte drücken.
3. 1 Stunde in den Kühlschrank stellen, bis die Scheibe fest genug ist, um sie zu schneiden.
4. Die Oberseite mit Hanfsamen und Ringelblumenblütenblättern bestreuen. Die Platte in gleichmäßige Streifen schneiden. Die Riegel abwechselnd mit Backpapierstreifen (damit sie nicht zusammenkleben) in einen dicht schließenden Behälter legen und im Kühlschrank aufbewahren.

TIPP

Wer mag, formt die Masse zu Würfeln oder rollt mundgerechte Energy Balls.

FLAMMKUCHEN

Für laue Sommerabende

Ein Flammkuchen schmeckt wunderbar zu einem kühlen Getränk. Brennnessel hilft bei der Regeneration angestrengter Muskeln – sehr praktisch nach einem Arbeitstag im Garten oder nach einer Wanderung.

SO WIRD ES GEMACHT

1. Den Backofen auf 200 °C vorheizen. Ein Backblech mit Backpapier auslegen.
2. Die Zwiebel schälen und in dünne Ringe schneiden.
3. Den Apfel schälen und in dünne Scheiben schneiden.
4. Den Knoblauch pressen oder fein hacken.
5. Crème fraîche, saure Sahne und Knoblauch verrühren und mit Salz und Pfeffer abschmecken.
6. Den Flammkuchenteig auf dem Backblech entrollen, die Sahnecreme auf dem Teig verstreichen und mit Zwiebel und Apfel belegen.
7. Die Brennnesselspitzen gleichmäßig darauf verteilen. Mit Salz und Pfeffer würzen.
8. Den Flammkuchen etwa 20 Minuten auf der mittleren Schiene im Ofen backen.

ZUTATEN

- 1 Zwiebel
- 1 Apfel
- 1 Knoblauchzehe
- 125 g Crème fraîche
- 125 g saure Sahne
- Salz und Pfeffer
- 1 Packung frischer Flammkuchenteig aus dem Kühlregal
- 1 Handvoll schöne Brennnesselspitzen

EIS

Verblüffend lecker

Mein Vater hat mit Begeisterung gekocht, und mein Bruder Jurian ist in seine Fußstapfen getreten. Traditionell kochen wir – unter seiner Leitung – zu Weihnachten ein Menü für die ganze Familie. Extra für mich hatte er letztes Weihnachten Brennnesselrezepte entwickelt, um sie für dieses Buch auszuprobieren. Zum Nachtisch gab es köstliches Brennnesseleis, hergestellt in der alten Eismaschine meines Vaters. Was für ein Genuss!

ZUTATEN

- 4 Eigelb
- 110 g Rohrohrzucker
- 1 EL Speisestärke
- 250 g Sahne
- 250 ml Vollmilch
- 1 Vanilleschote
- 5 g getrocknete Brennnesselblätter
- frische rote Beeren zum Garnieren

- *Eismaschine*

SO WIRD ES GEMACHT

1. Eigelb und Zucker mit einem Schneebesen oder dem Handmixer hell und schaumig rühren. Die Speisestärke einrühren.
2. Sahne und Milch in einen Kochtopf gießen. Die Vanilleschote längs aufschneiden, das Mark mit einem Messer herauskratzen und in die Sahnemischung geben.
3. Die Sahnemischung bis knapp unter den Siedepunkt erhitzen, dann die Eigelbmischung unter Rühren dazugeben.
4. Die Temperatur reduzieren und die getrockneten Brennnesselblätter hinzufügen. Mit einem Kochlöffel rühren, bis die Mischung einzudicken beginnt. Sie sollte so dick werden, dass man mit dem Löffel eine Linie darin ziehen kann. Das dauert etwa 10 Minuten.
5. Die Mischung in eine Eismaschine geben und nach Herstelleranweisung kühlen. Wer keine Eismaschine hat, gibt die Mischung in eine Gefrierbox, stellt sie ins Gefrierfach und rührt sie jeweils im Abstand einer Stunde 3- oder 4-mal um. Das ist wichtig, damit sich keine harten Eiskristalle bilden. Die Eiscreme im Tiefkühler aufbewahren.
6. Das Eis mit frischen Beeren und leckeren Brennnesselplätzchen (siehe S. 38) servieren.

TIPP

Wer Gäste überraschen will, kann kurz vor dem Servieren noch etwas Knisterzucker (Knallbrause) über das Eis streuen.

KÄSEBÄLLCHEN

Lecker zu einem Drink

Im Käsefachgeschäft kann man leckeren Brennnesselkäse zu kaufen, aber Sie können ihn auch selbst herstellen. Die Familie meiner Freundin Anne hat einen Bio-Ziegenhof auf der Insel Goeree-Overflakkee. Sie hat speziell für dieses Buch ein Rezept für Ziegenkäsebällchen entwickelt, natürlich mit Brennnesseln. Der perfekte Begleiter zu einem Drink – mit oder ohne Alkohol.

SO WIRD ES GEMACHT

1. Einen Topf und ein Sieb gründlich reinigen und unter heißem Wasser ausspülen.
2. Die Ziegenmilch in einem Topf auf 28 °C (die ideale Temperatur) erhitzen, aber auf keinen Fall heißer als 35 °C.
3. Die Buttermilch einrühren und das Lab hineinträufeln. Nach Zugabe des Labs die Milch so wenig wie möglich rühren. Den Topf 24 Stunden bei Zimmertemperatur ruhen lassen. Danach ist zu sehen, wie sich der Käsebruch (weiße Masse) von der Molke (transparente Flüssigkeit) trennt.
4. Ein Sieb mit Käseleinen auslegen und den Käsebruch hineinfüllen. Die Ecken des Tuchs über die Masse falten und weitere 24 Stunden stehen lassen. Der Käsebruch tropft weiter ab.
5. Der Frischkäse ist nun fertig. Das Salz, den Zitronensaft und die Kräuter nach Wahl einrühren. Die Masse zu mundgerechten Kugeln formen.
6. Die Brennnesselblätter zerbröseln, mit den Chiliflocken mischen und auf einem Teller verteilen. Die Kugeln in den Kräutern wälzen, sodass die Außenseite vollständig bedeckt ist.
7. Die Käsebällchen in einem dicht verschließbaren Behälter im Kühlschrank aufbewahren. Sie sind etwa 2 Wochen haltbar.

ZUTATEN

- 1½ l Bio-Ziegenrohmilch
- 2 EL Bio-Buttermilch
- 4 Tropfen Lab (evtl. vegetarisch)
- 1 Prise feines Himalayasalz
- Saft von 1 Zitrone
- Kräuter nach Wahl
- 10 g getrocknete Brennnesselblätter
- 5 g Chiliflocken

- *Kochthermometer*
- *Käseleinen (Passiertuch)*

Chiliflocken

PLÄTZCHEN

Mal ganz anders

Herkömmliche Mürbeteigplätzchen sind nicht sonderlich aufregend. Diese hier schmecken durch Brennnesseln nicht nur interessanter, sie sehen mit der Garnierung aus essbaren Blüten auch wunderschön aus. Ein Rezept, das man gut mit Kindern backen kann!

ZUTATEN

ERGIBT 20 PLÄTZCHEN

- 125 g Butter
- 10 g getrocknete Brennnesselblätter
- 175 g Mehl, plus etwas mehr zum Arbeiten
- 75 g Zucker
- 1 Päckchen Vanillezucker
- 1 Prise Salz
- gemischte essbare Blüten wie Ringelblume, Kornblume und Rose

- *Ausstechform*

SO WIRD ES GEMACHT

1. Die Butter eine Stunde vor der Zubereitung aus dem Kühlschrank nehmen und in kleine Stücke schneiden. Die Brennnesselblätter zwischen den Fingern fein zerbröseln.
2. Alle Zutaten (bis auf die essbaren Blüten) in einer Schüssel kurz verkneten, dann zur Kugel formen.
3. Den Backofen auf 160 °C vorheizen und ein Backblech mit Backpapier auslegen.
4. Die Arbeitsfläche mit etwas Mehl bestäuben oder ein Blatt Backpapier als Unterlage verwenden. Den Teig etwa ½ cm dick ausrollen.
5. Plätzchen ausstechen und mit essbaren Blüten dekorieren. Diese mit dem Nudelholz etwas in den Teig drücken.
6. Die Plätzchen auf das Backblech legen. Die Teigreste verkneten, ausrollen und weitere Plätzchen auf die gleiche Weise vorbereiten.
7. Die Plätzchen 15 Minuten im Ofen backen, bis sie hellbraun sind.

REISKROKETTEN

Ganz ohne Kartoffeln

Mein Bruder Jurian ist nicht nur ein Feinschmecker, er kann auch großartig kochen. Er hat dieses Rezept für Brennnesselkroketten extra für dieses Buch entwickelt. Natürlich haben wir es gemeinsam ausprobiert und dann alle Kroketten mit Genuss verputzt.

SO WIRD ES GEMACHT

1 Die Brennnesselblätter säubern und vom Stängel zupfen. 10 Minuten in kaltes Wasser legen.
2 Die Zwiebel schälen und würfeln, dann in etwas Olivenöl glasig dünsten. Den Knoblauch schälen und pressen. Knoblauch, Thymianblätter und Reis in den Topf geben. Sobald der Reis glasig geworden ist, mit dem Weißwein ablöschen und verkochen lassen. Nach und nach etwas Brühe hinzugeben, bis der Reis gar ist und die gesamte Flüssigkeit aufgesogen hat. Er sollte noch leicht klebrig sein.
3 Die Brennnesselblätter blanchieren, unter kaltem Wasser abschrecken und in einem Sieb abtropfen und abkühlen lassen. Sie sollen so trocken wie möglich sein.
4 Brennnesseln und Tofu fein hacken und mischen. Mit dem Senf zum Risotto geben. Mit Salz und Pfeffer abschmecken.
5 Aus der Masse mit den Händen längliche Kroketten formen und abkühlen lassen.
6 Das Öl auf etwa 180 °C erhitzen.
7 Die Kroketten zuerst in Mehl, dann in verquirltem Ei und zuletzt in einer Mischung aus Panko und Semmelbröseln wälzen.
8 Die Kroketten portionsweise im Öl frittieren, bis sie rundherum goldbraun sind. Auf Küchenpapier abtropfen lassen.

ZUTATEN

- 1 großer Frischhalte-beutel frische Brennnesseln
- 1 Zwiebel
- 1 EL Olivenöl
- 1 Knoblauchzehe
- 2 Zweige Thymian, Blättchen gehackt
- 150 g Risottoreis
- 150 ml Weißwein
- 500 ml Gemüsebrühe
- 180 g Tofu
- 1 EL Dijonsenf
- Salz und Pfeffer
- 1½ l Pflanzenöl zum Frittieren
- 100 g Mehl
- 3 große Eier, verquirlt
- 150 g Panko
- 150 g Semmelbrösel

TIPP

Zu Reiskroketten passt ein Dip aus 250 g saurer Sahne, 250 ml Mayonnaise und einigen fein gehackten Brennnesselblättern.

PASTA

Köstlich mit Brennnesselpesto

Dieses Rezept stammt aus einem Buch von Annette van Ruitenburg. Annette lebt auf der Insel Texel und kocht mit lokalen Zutaten. Diese Bandnudeln bekommen durch Brennnesseln eine leuchtend grüne Farbe und einen leicht würzigen Geschmack. Perfekt mit Brennnesselpesto (siehe S. 45) und Parmesan.

ZUTATEN

- 80 g frische, junge Brennnesselspitzen
- 2 Eier
- 350 g Mehl, plus etwas mehr zum Arbeiten
- 7 g Salz
- 1½ EL Olivenöl

- *Nudelmaschine*
- *Trockengestell*

SO WIRD ES GEMACHT

1. Die frischen Brennnesselspitzen 2 Minuten in kochendem Wasser blanchieren, dann in eiskaltem Wasser abschrecken. Gut abtropfen lassen und verbliebene Feuchtigkeit sehr gründlich auspressen. Die Blätter fein hacken.
2. Die Eier verquirlen und mit dem Mehl und den Brennnesseln vermischen. Salz und Olivenöl dazugeben und alles zu einem festen Teig verkneten. Den Teig in Frischhaltefolie wickeln und 2 Stunden im Kühlschrank ruhen lassen.
3. Den Teig auf einer bemehlten Fläche ausrollen. Dann mit der Nudelmaschine so dünn wie möglich auswalzen. Den gewünschten Schneidevorsatz (z. B. für Tagliatelle oder Spaghetti) in die Nudelmaschine einsetzen und den Teig in Stränge schneiden.
4. Die Stränge zum Trocknen auf ein Gestell hängen, bis der gesamte Teig verarbeitet ist. Salzwasser in einem großen Topf zum Kochen bringen und die Nudeln 6–8 Minuten kochen.

PESTO

Peppt Nudeln auf

Pesto ist supereinfach herzustellen, und neben Brennnesseln eignen sich auch die meisten anderen Wildpflanzen dafür. Es schmeckt zu Nudeln, aber auch auf geröstetem Brot mit gehackten Tomaten und Zwiebeln.

SO WIRD ES GEMACHT

1 Die Brennnesselspitzen 2 Minuten in kochendem Wasser blanchieren, dann in eiskaltem Wasser abschrecken.
2 In grobe Stücke schneiden oder hacken.
3 Den Knoblauch schälen und in winzige Würfel schneiden, den Käse reiben.
4 Alle Zutaten außer Zitronensaft, Salz und Pfeffer in einem Mixer zu einer nicht ganz glatten Paste pürieren.
5 Bei Bedarf noch etwas Olivenöl hinzufügen.
6 Mit etwas Zitronensaft, Salz und Pfeffer abschmecken.

ZUTATEN

ERGIBT ETWA 100 GRAMM

- 2 Handvoll junge Brennnesselspitzen
- 2 Knoblauchzehen
- 50 g Hartkäse (z. B. Parmesan; Veganer ersetzen den Käse durch 2 EL Hefeflocken)
- 50 g Nüsse und/oder Saaten (Walnüsse, Cashew-, Pinien-, Sonnenblumenkerne)
- 1 EL Olivenöl
- 1 EL Zitronensaft
- Salz und Pfeffer

gemischte Nüsse

QUICHE

Herzhafter Genuss

Eine (noch) ungewöhnliche Zutat zu einem bekannten Gericht. Brennnesseln passen total gut zu Eiern. Ich empfehle, die Quiche in Stücke zu schneiden und zu einem Picknick in der Natur mitzunehmen. Eine gute Gelegenheit, frische Brennnesseln für das nächste Gericht zu pflücken!

ZUTATEN

- 1 frischer runder Blätterteig aus dem Kühlregal
- 3 Handvoll frische Brennnesselspitzen
- 1 Schalotte
- 1 Knoblauchzehe
- 250 g Kirschtomaten
- 1 EL Olivenöl
- 3 Eier
- 100 g Sahne
- 125 g geriebener Käse, z. B. Gruyère
- Salz und Pfeffer

- *Quiche-Form*

SO WIRD ES GEMACHT

1. Den Backofen auf 180 °C vorheizen. Den Teig in die Form legen und an den Rand drücken.
2. Die Brennnesselspitzen kurz in kochendem Wasser blanchieren und in eiskaltem Wasser abschrecken. Die Blätter grob hacken. Schalotte und Knoblauch abziehen und würfeln. Die Kirschtomaten halbieren.
3. Das Olivenöl in einer Pfanne erhitzen. Schalotte und Knoblauch darin anbraten. Sobald die Schalotte glasig ist, die Tomaten hinzufügen. 5 Minuten dünsten, dabei regelmäßig umrühren. In der letzten Minute die Brennnesseln zugeben.
4. Eier und Sahne in einem Rührbecher verquirlen, den Gruyère untermischen und alles mit Salz und Pfeffer abschmecken.
5. Die Mischung aus der Pfanne auf dem Blätterteig verteilen und mit der Eiersahne übergießen.
6. Die Quiche 40–45 Minuten backen, bis sie oben goldbraun ist.

PFANNENGEMÜSE

Einfach und lecker

Brennnesseln können wie Spinat zubereitet werden, zum Beispiel in der Pfanne. Blanchiert oder gedünstet schmecken Brennnesseln sogar etwas kräftiger und enthalten sogar noch viel mehr Eisen, Eiweiß und Vitamin C als Spinat. Eigentlich müsste Popeye auf Brennnesseln umschwenken!

SO WIRD ES GEMACHT

1. Die Brennnesselspitzen kurz in kochendem Wasser blanchieren und in eiskaltem Wasser abschrecken. In einem Sieb abtropfen lassen und mit Küchenpapier abtupfen.
2. Die Zwiebel abziehen und klein schneiden. Die Knoblauchzehe abziehen und zerdrücken. Zwiebel und Knoblauch in einer Pfanne mit etwas Olivenöl andünsten.
3. Die vorbereiteten Brennnesselspitzen dazugeben und 5 Minuten unter Rühren braten. Die Sojasauce hinzufügen und final mit Salz und Pfeffer abschmecken.

ZUTATEN

- 4 Handvoll frische, junge Brennnesselspitzen
- 1 Zwiebel
- 1 Knoblauchzehe
- 1 Schuss Olivenöl
- 1 Schuss Sojasauce
- Salz und Pfeffer

Sojasauce

FRÜHLINGSSALAT

Bunter Blatt-Blüten-Mix

Dies ist ein veritabler Frühlingssalat mit Kräutern und Blumen, die im Frühling wachsen und blühen. Er ist gut für die Verdauung und hilft, den Mineralstoffhaushalt aufzufüllen. Die verwendeten Wildpflanzen sind auch für Anfänger leicht zu erkennen. Und selbstverständlich gehört die Brennnessel dazu.

ZUTATEN

- 1 Handvoll frische Brennnesselspitzen
- Blätter und Blüten von Löwenzahn und Gänseblümchen
- einige Wegerichblätter
- einige Blüten von Wiesenschaumkraut, Raps, Malve und Rotklee
- einige Salatblätter
- 2 EL Olivenöl
- 2 EL Weißweinessig
- Salz und Pfeffer

SO WIRD ES GEMACHT

1. Alle gepflückten Kräuter und Blumen auf einen Tisch im Freien legen, damit Insekten, die zwischen ihnen sitzen, noch entwischen können.
2. Die Brennnesselspitzen mit Olivenöl einpinseln, um die Brennhaare zu neutralisieren. Ein paar Blüten zur Dekoration aufbewahren.
3. Alle Blätter und Blüten in einer Salatschüssel vermengen. Essig und Öl darüberträufeln, kräftig salzen und pfeffern und erneut vermischen. Mit den zurückbehaltenen Blüten dekorieren.

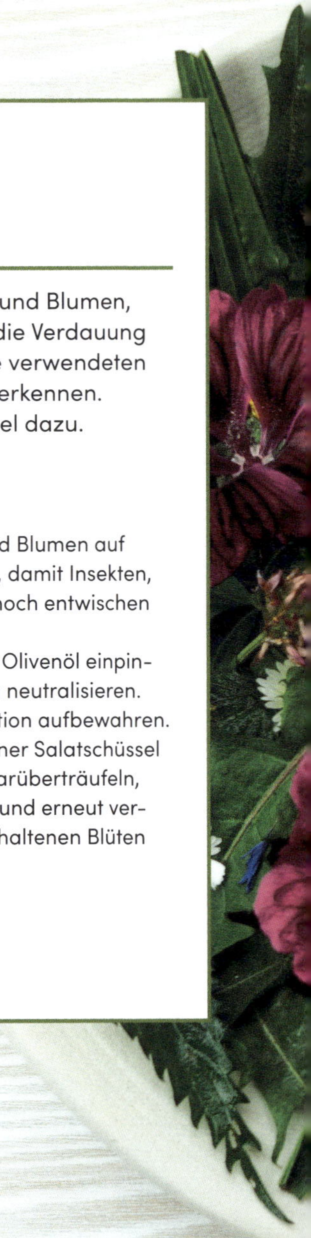

SUPPE

Die mag jeder

Ein einfaches und leckeres Rezept für die ganze Familie. Diese Frühlingssuppe schmeckt hervorragend zu warmem Baguette mit frischer Bärlauchbutter. Bärlauch wächst und blüht von April bis Mai und hat ein kräftiges Knoblaucharoma. Er ist hauptsächlich an schattigen Plätzen zu finden, oft in großen Feldern unter Bäumen.

SO WIRD ES GEMACHT

1. Die Brennnesselspitzen in Stücke schneiden oder hacken. Zwiebel und Knoblauchzehe abziehen und klein schneiden.
2. Das Olivenöl in einem Topf auf mittlerer Stufe erhitzen und Zwiebel und Knoblauch darin glasig dünsten.
3. In der Zwischenzeit die Kartoffel(n) schälen, klein würfeln und in den Topf geben. Die Gemüsebrühe zugießen, die Brennnesseln dazugeben und alles zum Kochen bringen.
4. Mit frisch geriebener Muskatnuss oder Thymian oder ein paar gehackten Bärlauchblütenstängeln würzen. Die Suppe 15 Minuten köcheln lassen, bis die Kartoffel weich ist.
5. Die Suppe mit einem Stabmixer pürieren und mit Salz und Pfeffer abschmecken. Die Hafercuisine spiralförmig darübergießen und nicht umrühren.
6. Die Suppe in Teller füllen und mit essbaren Blüten garnieren.

Bärlauchbutter

1. Den Bärlauch (Blätter und Blüten) putzen und in kleine Stücke schneiden oder hacken. Mit einer Gabel unter die Butter rühren, bis er gleichmäßig verteilt ist.
2. Das Baguette in Scheiben schneiden und mit der Bärlauchbutter bestreichen. Die restliche Bärlauchbutter in einem Schraubdeckelglas im Kühlschrank aufbewahren.

ZUTATEN

- 1 Sieb mit jungen Brennnesselspitzen
- 1 Zwiebel
- 1 Knoblauchzehe
- 1 Spritzer Olivenöl
- 1 große oder 2 kleine Kartoffeln
- 1 l Gemüsebrühe
- 1 Prise Muskatnuss und/oder Thymian
- Salz und Pfeffer
- 100 ml Hafercuisine
- 1 Handvoll essbare Blüten (z. B. Gänseblümchen, Hornveilchen und Bärlauch)

Bärlauchbutter

- 1 Bund Bärlauch
- 1 Paket weiche (vegane) Butter
- Mehrkorn-Baguette

BRENNNESSELN IN BIERTEIG

nach Tempura-Art

Dieses überraschende Rezept wurde extra für dieses Buch von Maaike Pfann entwickelt. Sie kocht vegan und bereitet unglaublich leckere Dinge aus Wildkräutern zu – wie diese knusprigen Brennnessel-Tempura mit einer nussigen Brennnesselsauce.

ZUTATEN

Teig

- 150 g Quinoamehl oder Weizenmehl
- 200 ml eiskaltes Bier (oder Wasser mit Kohlensäure)
- ½ TL Backpulver
- Paprikapulver, Chili, Kreuzkümmel oder Knoblauch, je nach Geschmack
- Salz und Pfeffer
- 2 l Sonnenblumenöl zum Frittieren
- 1 gute Handvoll frische, mittelgroße Brennnesselspitzen

Sauce

- 100 g ungesalzene Cashewkerne
- 1 Dattel
- 1 Knoblauchzehe
- 1 rote Zwiebel
- 1 Frühlingszwiebel
- 1 Handvoll frische Brennnesselspitzen
- 100 ml Wasser
- 1 EL Zitronensaft
- 1 EL Apfelessig
- Salz und Pfeffer

SO WIRD ES GEMACHT

Teig

1. Quinoamehl (oder Weizenmehl) mit eiskaltem Bier (oder Sprudelwasser), Backpulver und Gewürzen in einer großen Schüssel vermischen. Mit einem Schneebesen zu einem glatten Teig verarbeiten.
2. Mit Salz und Pfeffer abschmecken und den Teig 5–10 Minuten in den Gefrierschrank stellen. Je kälter der Teig ist, desto knuspriger werden die Tempura.
3. Das Öl in einem Topf auf 180 °C erhitzen. Die Brennnesselspitzen durch den Teig ziehen und portionsweise etwa 1 Minute frittieren, bis sie goldbraun sind.
4. Die Tempura auf einem mit Küchenpapier ausgelegten Teller abtropfen lassen und mit der Sauce servieren.

Sauce

1. Cashewkerne und Dattel 15 Minuten in warmem Wasser einweichen. Den Knoblauch abziehen und fein hacken oder pressen. Zwiebel und Frühlingszwiebel abziehen und grob hacken.
2. Cashewkerne und Datteln abtropfen lassen und in einen Mixer geben. Die übrigen Zutaten hinzugeben und alles zu einer glatten Sauce verarbeiten. Mit Salz und Pfeffer abschmecken. Wenn die Sauce zu dick ist, noch etwas Wasser unterrühren.

SAMEN

Heimisches Superfood

Pflanzensamen haben für mich etwas Magisches. Diese winzigen Körner enthalten alles Nötige, damit eine neue große, starke Pflanze entstehen kann. Unglaublich, welche Energie und Lebenskraft in ihnen steckt! Das gilt natürlich auch für die Samen der Brennnessel. Mit einer großen Portion von Vitaminen, Mineralien und Antioxidantien verbessern sie die Abwehrkräfte, stärken die Nieren und wirken entzündungshemmend. Sie geben dem Körper nach einer Phase von Stress, Niedergeschlagenheit oder Erschöpfung neue Energie.

SO WIRD ES GEMACHT

1. Im Juli und August reifen die Samen, die in länglichen Trauben an den Pflanzen hängen. Am besten sammelt man die ganzen Trauben, wenn sie hellbraun sind. Sie können aber auch gesammelt werden, wenn sie noch grün oder bereits dunkelbraun sind.
2. Handschuhe anziehen und die Büschel mit einer Schere abschneiden.
3. Die Trauben zwischen den Fingern über einem Sieb reiben, um die Samen herauszulösen. In einer Schüssel auffangen.
4. Die Samen gut trocknen lassen, dann in einem Schraubdeckelglas aufbewahren. Sie sind mindestens ein Jahr haltbar.
5. Sie können sie morgens über Joghurt, Obstsalat oder Müsli streuen oder in einen Smoothie geben. Sie schmecken auch über einem Salat, in einer Suppe oder einem Eintopf. Ein Teelöffel pro Tag reicht als gesunde Energiequelle aus.

MATERIAL

- Samenstände von Brennnesseln

Samenstände

KRÄUTERSALZ

Gesunde Würze

Der menschliche Körper braucht Salz für den Wasserhaushalt, eine gute Muskelfunktion und die Stimulation der Nerven. Der Hauptbestandteil von Salz ist Natrium, und die Brennnessel enthält viel davon. Brennnesselsamen, in einem Mörser zerstoßen, sind für sich schon ein guter Salzersatz.
Mischt man Meersalz mit frischen Brennnesselspitzen oder -samen, wird es mit wertvollen Mineralien und Vitaminen angereichert, die für Energie und Vitalität sorgen. Außerdem schmeckt dieses Salz unglaublich gut – auf Kartoffeln und Gemüse oder einfach auf Brot mit Butter oder Frischkäse.

ZUTATEN

ERGIBT 150 GRAMM

Salz mit frischen Brennnesselspitzen

- 2 Handvoll frische Brennnesselspitzen
- 125 g Meersalz

- *1 Glas, 150–200 ml Volumen*
- *Mörser*

ERGIBT 150 GRAMM

Salz mit Brennnesselsamen

- 140 g Meersalz
- 10 g Brennnesselsamen

- *1 Glas, 150–200 ml Volumen*

SO WIRD ES GEMACHT

Salz mit frischen Brennnesselspitzen

1 Die Brennnesselspitzen klein schneiden oder hacken.
2 Mit einem Handschuh die Brennnesselstücke mit dem Salz verreiben, damit die Brennnesselstücke zerdrückt werden und die freigesetzte Feuchtigkeit in das Salz einziehen kann. Die Mischung auf einem großen Teller ausbreiten.
3 24 Stunden an einem warmen, luftigen Platz trocknen lassen (z. B. auf der Fensterbank, aber nicht in der Sonne!).
4 Die Salzmischung in einem Mörser zerstoßen.
5 Das Brennnesselsalz in ein Glas füllen, detailliert beschriften und dunkel aufbewahren.

Salz mit Brennnesselsamen

1 Beide Zutaten gut mischen und in ein Glas füllen, detailliert beschriften und dunkel aufbewahren

Brennnesselsamen

TRINKEN

BRENNNESSEL-
SIRUP

Getränke sind sicherlich nicht das Erste, was einem zu Brennnesseln einfällt. Dabei gibt es einige wirklich tolle Rezepte! Wie wäre es etwa mit einem kühlen Brennnesselbier oder einem gepflegten Gläschen Brennnesselikör?

Getränke aus Brennnesseln fördern bei regelmäßigem Genuss die Entschlackung des Körpers und versorgen ihn gleichzeitig mit Vitaminen und Mineralstoffen. Die Brennnessel gibt einen Energieschub und stärkt das Immunsystem, entsäuert den Körper und verleiht Vitalität.

Die Brennnessel regt die Funktion von Blase, Nieren, Leber und Galle an und kann bei Beschwerden wie Rheuma, Gicht und Arthritis Linderung bringen. Auch die Symptome von Heuschnupfen können abgeschwächt werden. Darum werden Getränke aus Brennnesseln traditionell als Frühjahrskur oder als Muntermacher im Winter verwendet.

Bevor ich dieses Buch schrieb, hatte ich tatsächlich noch nie Kombucha selbst hergestellt, geschweige denn Bier. Ich war skeptisch und ging vorsorglich davon aus, dass es schiefgehen würde. Aber es war viel einfacher, als ich gedacht hatte. Es macht enorm viel Spaß, etwas selbst zu brauen und dabei das beruhigende Gefühl zu haben, ausschließlich natürliche Zutaten zu verwenden. Das Ergebnis ist nicht nur sehr gesund, sondern schmeckt auch noch prima!

BIER

Erfrischende Überraschung

Köstliches frisches Brennnesselbier ist gar nicht schwierig zu brauen. An Spezialgerätschaften braucht nur einen Gärballon mit einem Gäraufsatz, beides bekommt man im Bedarf für Homebrewing.

SO WIRD ES GEMACHT

1 Die Brennnesselspitzen auf einen Tisch im Freien legen, damit Insekten, die zwischen ihnen sitzen, noch entwischen können.
2 Die Brennnesselspitzen waschen und mit dem Wasser in einen großen Topf geben. 15 Minuten köcheln lassen. In der Zwischenzeit kann die Gärflasche sterilisiert werden.
3 Die Bierhefe im lauwarmen Wasser auflösen und beiseitestellen.
4 Die Brennnesseln durch Käseleinen abseihen, sodass ein klarer Sud übrig bleibt. Den Zucker hinzufügen und rühren, bis er sich aufgelöst hat. Den Zitronensaft zugießen.
5 Die Flüssigkeit durch einen Trichter in den Gärballon gießen und auf Handtemperatur abkühlen lassen. Die Hefemischung zugeben und den Gäraufsatz anbringen.
6 Die Flasche etwa zehn Tage an einem kühlen, dunklen Ort stehen lassen. Nach einiger Zeit werden sich in der Flüssigkeit Bläschen bilden.
7 Der Gärvorgang ist beendet, wenn Trübstoffe sich abgesetzt haben und das Bier klar geworden ist. Jetzt sind kaum noch Bläschen zu sehen.
8 Den Schlauch und die Flaschen sterilisieren. Das Bier mithilfe des Schlauchs in die Flaschen umfüllen, dabei den Bodensatz im Gärballon lassen.
9 Die Flaschen nicht ganz bis an den Rand füllen. Die Deckel schließen, dann Etiketten mit Datum und Inhalt auf die Flaschen kleben. Die Flaschen in den Kühlschrank stellen. Nach einigen Tagen kann das Bier getrunken werden.

ZUTATEN

ERGIBT 5 LITER

- 1 großer Korb oder Eimer frische Brennnesselspitzen
- 4 l Wasser
- 4 g Bierhefe
- 50 ml lauwarmes Wasser
- 500 g Rübenzucker
- Saft von 2 Zitronen

- *Käseleinen (Seihtuch)*
- *Trichter*
- *Gärballon (5 l Volumen) mit Gäraufsatz*
- *Schlauch zum Abziehen*
- *10 braune Bügelverschlussflaschen à 500 ml*

Brennnesselchips

ERDBEER-KOMBUCHA

Gesund und erfrischend

Kombucha wird immer bekannter, und das aus gutem Grund, denn er schmeckt köstlich und ist sehr gesund. Kombucha enthält Probiotika, Enzyme und Säuren, die gut für die Darmflora und das Immunsystem sind. Dieses Rezept enthält außerdem die heilenden Wirkstoffe der Brennnessel.

ZUTATEN

ERGIBT 2½ LITER

- 1 l Wasser
- 100 g Rohrzucker
- 20 g getrocknete Brennnesselblätter
- 20 g grüne Teeblätter
- 1 l Kombucha
- 1 Scoby (Teepilz)
- 250 g Erdbeeren

- *Käseleinen (Seihtuch)*
- *Glasgefäß (2,5 l Volumen)*
- *rundes Tuch zum Verschließen des Gefäßes*
- *Schnur oder Gummiband*
- *5 Bügelverschlussflaschen à 500 ml*

SO WIRD ES GEMACHT

1 500 ml Wasser in einem großen Topf zum Kochen bringen und den Zucker hinzufügen. Brennnesselblätter und grünen Tee zugeben und 15 Minuten ziehen lassen. Das restliche Wasser in den Topf geben und auf Zimmertemperatur abkühlen lassen.

2 Den Tee durch Käseleinen abseihen und in das Glasgefäß gießen. Den Kombucha und den Scoby dazugeben. Das Glas mit dem runden Tuch und Schnur abdecken.

3 Das Glas an einen dunklen, warmen Ort stellen (am besten etwa 24 °C) und zehn Tage ruhen lassen. Nach einer Woche gelegentlich probieren. Sobald die Flüssigkeit angenehm schmeckt, den Scoby aus dem Glas nehmen und abspülen. Den Scoby in ein verschließbares Glas geben und knapp mit Kombucha bedecken, um ihn aufzubewahren. Die Flüssigkeit aus dem großen Behälter abseihen.

4 Die Flaschen sterilisieren und mit dem Kombucha füllen, aber nicht ganz bis zum Rand. In jede Flasche einige Erdbeerstückchen geben.

5 Die Flaschen noch einige Tage an einem dunklen, kühlen Ort stehen lassen. Ab und zu den Deckel öffnen, um den Druck abzulassen (wichtig, sonst können die Flaschen platzen!). Danach in den Kühlschrank stellen.

scoby

LATTE

Zum Wachwerden

Dieses Rezept für einen schaumigen Latte habe ich von Linda Schaap von de Wilde School bekommen. Das ist eine Online-Plattform für Wildpflanzensammler. Brennnesseln stehen bei de Wilde School besonders hoch im Kurs. Dieser Latte garantiert wegen seiner sanft belebenden Wirkung einen perfekten Start in den Tag.

SO WIRD ES GEMACHT

1. Alle Zutaten in einen Mixer geben und fein pürieren.
2. Die Mischung durch das Käseleinen abseihen.
3. Die Mischung im Milchaufschäumer aufschäumen oder in einem kleinen Kochtopf erwärmen und mit dem Schneebesen schaumig schlagen.

ZUTATEN

- 1 Handvoll frische Brennnesselspitzen
- 2 Kardamomkapseln (oder 2 Bärenklau-Samen)
- 1 TL Süßungsmittel nach Wahl
- 200 ml Pflanzendrink in Barista-Qualität

- *Käseleinen (Seihtuch)*
- *Milchaufschäumer oder Schneebesen*

SCHLEHENLIKÖR

Für innere Wärme an kühlen Tagen

Ein köstlicher Likör, der im Herbst hergestellt und an Weihnachten serviert wird. Schlehen sind fast überall an Feldrändern zu finden. Die bläulichen Früchte enthalten viel Vitamin C. Roh schmecken sie sehr sauer, aber als Zutat für Likör sind sie seit jeher beliebt. Durch den Alkohol werden die wertvollen Inhaltsstoffe aus den Brennnesselsamen und den Schlehen freigesetzt. Darum gibt der Likör an nasskalten Tagen einen guten Energieschub.

ZUTATEN

ERGIBT 1 LITER

- 1 EL Brennnesselsamen
- 250 g Schlehen
- 100 g Zucker
- 750 ml Gin

- *Mörser*
- *Käseleinen (Seihtuch)*
- *Bügelverschlussflasche (1 l Volumen)*

SO WIRD ES GEMACHT

1 Die Brennnesselsamen in einem Mörser zerstoßen und die Schlehen zerdrücken.

2 Alle Zutaten in die Flasche geben und an einen dunklen, kühlen Ort stellen. Regelmäßig schütteln und etwa 3 Monate ruhen lassen.

3 Die Flüssigkeit durch Käseleinen abseihen. Die Flasche auswaschen und sterilisieren, dann den Likör hineinfüllen. Der Likör ist jahrelang haltbar.

Schlehen

BRENNNESSEL-
SIRUP

SIRUP

Stärkt das Immunsystem

Wer regelmäßig Brennnesselsirup konsumiert, kann unter anderem die Symptome von Heuschnupfen lindern. Er reinigt außerdem das Blut und stärkt das Immunsystem. Man kann ihn mit Mineralwasser verdünnen und wie eine Limonade servieren, die auch bei Kindern gut ankommt.

SO WIRD ES GEMACHT

1 Die Brennnesselspitzen fein hacken und mit dem Wasser in einen Topf geben. Aufkochen und 30 Minuten köcheln lassen. Durch Käseleinen abseihen. Die Bügelverschlussflaschen sterilisieren.
2 Die Flüssigkeit wieder in einen Topf geben und bis knapp unter dem Siedepunkt erhitzen. Den Zucker hinzufügen und rühren, bis er sich vollständig aufgelöst hat. Den Zitronensaft zugeben und weiterrühren, bis der Sirup leicht eindickt. Vom Herd nehmen.
3 Den Sirup bis zum Rand in die Flaschen füllen, damit möglichst wenig Luft in der Flasche ist, und verschließen. Etiketten mit Datum und Inhalt auf die Flaschen kleben oder anhängen. Der Sirup ist kühl und dunkel gelagert etwa ein Jahr haltbar.

ZUTATEN

ERGIBT 1 LITER

- 2 Handvoll Brennnesselspitzen
- 1 l Wasser
- 750 g Rohrzucker
- Saft von 1 Zitrone

- *Käseleinen (Seihtuch)*
- *4 Bügelverschlussflaschen à 250 ml*

Zitrone

SMOOTHIE

Gesunder Start in den Tag

Ein sehr einfaches, erfrischendes und leckeres Rezept, das die Abwehrkräfte stärkt und gut schmeckt. Die Grundlage dieses Rezepts bilden frisch gepflückte, junge Brennnesselspitzen und Banane. Als Flüssigkeit verwende ich Apfelsaft, aber man kann auch Wasser, Haferdrink, Buttermilch oder Kokoswasser nehmen. Haferflocken und Brennnesselsamen spenden zusätzliche Energie.

ZUTATEN

FÜR 1 SMOOTHIE

- 1 Handvoll frische, junge Brennnesselspitzen
- 1 Banane
- 300 ml Apfelsaft
- 2 EL zarte Haferflocken
- 1 TL Brennnesselsamen

SO WIRD ES GEMACHT

1 Alle Zutaten in einen Mixer geben und fein pürieren – fertig ist der gesunde, grüne Smoothie.

TEE

Einfach, aber so gut

Brennnesseltee ist genau genommen natürlich kein Tee, sondern ein Aufguss. In der Naturheilkunde wird er als einfaches, aber sehr wirksames Mittel gegen verschiedene Beschwerden eingesetzt.

Brennnesseltee eignet sich hervorragend als Frühjahrskur, um Schadstoffe auszuspülen und den Körper mit den nötigen Vitaminen und Mineralstoffen zu versorgen. Er stärkt das Immunsystem, unterstützt Blase, Nieren, Leber und Galle und lindert Beschwerden aufgrund von Rheuma, Gicht und Arthritis.

Als Kur kann man zwei bis drei Gläser pro Tag trinken, jedoch nicht länger als vier Wochen. Weil Brennnesseltee harntreibend wirkt, sollte man zwischen den Mahlzeiten zusätzlich Wasser trinken. Wer nur gelegentlich Brennnesseltee trinkt, sollte es bei ein bis zwei Gläsern pro Tag belassen.

SO WIRD ES GEMACHT

1 Frische Blätter einfach in ein Glas oder eine Teekanne geben. Getrocknete Blätter in ein Tee-Ei oder einen Teefilter füllen.
2 Das Wasser zum Kochen bringen und dann leicht abkühlen lassen. Das noch sehr heiße Wasser über die Blätter gießen und 5–10 Minuten ziehen lassen.
3 Tee-Ei oder Teefilter herausnehmen. Den Tee langsam trinken.
4 Wer mag, gibt etwas Zitronensaft dazu. Er verbessert den Geschmack und besitzt antibakterielle und entzündungshemmende Eigenschaften.

ZUTATEN

- 1 Stängel frische, junge Brennnesselblätter oder 1 TL getrocknete Brennnesselblätter
- 250 ml Wasser
- 1 EL Zitronensaft, nach Belieben

getrocknete Brennnesselblätter

INFUSED WATER

Erfrischung für zwischendurch

Am besten ist es, das Brennnesselwasser morgens anzusetzen und über den Tag verteilt zu trinken. Es ist sehr erfrischend, spült die Nieren gut durch und spendet neue Energie. Mit etwas Minze und/oder Orangenschale aromatisiert trinkt man gern noch mehr davon.

ZUTATEN

ERGIBT 1 LITER

- 1 Handvoll frische Brennnesselspitzen
- 1 l Wasser
- etwas Minze und Orangenschalen, nach Belieben

- *1 Karaffe*

SO WIRD ES GEMACHT

1 Die Brennnesselspitzen in eine Karaffe geben. Die Karaffe mit Wasser füllen und griffbereit aufstellen.

GESUNDHEIT

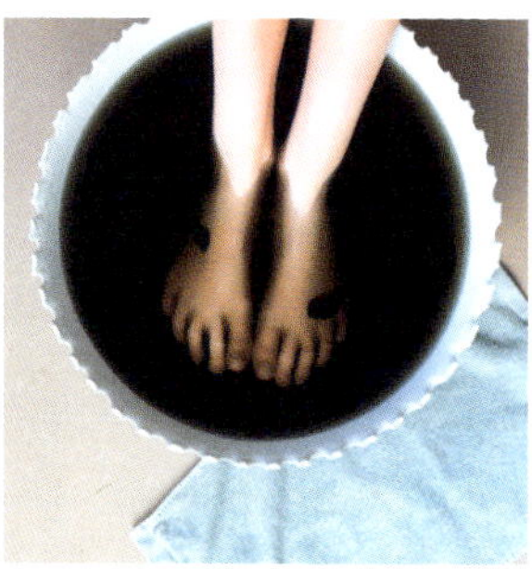

Wegen des hohen Gehalts an gesunden Inhaltsstoffen wie Vitaminen und Mineralien wird die Brennnessel schon seit Jahrhunderten als Heilpflanze verwendet. Berühmte Kräuterkundige wie Hippokrates von Kos und Hildegard von Bingen haben sie ausgiebig genutzt. Heute ist es außerdem wissenschaftlich belegt, dass viele Wirkstoffe in der Brennnessel bei allen möglichen Beschwerden zuverlässig helfen.

Die Brennnessel erhöht die Widerstandskraft, gibt Energie und stärkt das Immunsystem. Sie reinigt und entgiftet das Blut und hilft bei der Regulierung des Blutzuckerspiegels. Sie reinigt Harnwege, Nieren, Leber, Magen, Milz und Galle. Darüber hinaus regt die Brennnessel die Verdauung an, löst Verschleimung und hilft bei Allergien und Hautproblemen.

Die Brennnessel kann bei Akne, Ekzemen, Gicht, Wassereinlagerungen, Rheuma, Arthritis, Ischias, Heuschnupfen, Bronchitis, Asthma, Halsschmerzen, Müdigkeit und Blutarmut eingesetzt werden. Die Pflanze stärkt Haare, Nägel und Knorpel und hilft gegen Wadenkrämpfe und Calciummangel. Bei stillenden Müttern regt Brennnessel die Milchproduktion an, und Männern kann sie bei Prostata- und Harnwegsproblemen helfen.

Äußerlich angewendet hat die Brennnessel eine reinigende und heilende Wirkung auf die Haut. Eine Brennnesselsalbe wirkt blutstillend und entzündungshemmend. Sie hilft bei Juckreiz, Rötungen und Irritationen wie Pickeln, Ekzemen, Verbrennungen, Wunden, Insektenstichen, Nesselsucht und Schuppenflechte. Wegen ihrer durchblutungsfördernden Wirkung ist die Pflanze ein bewährtes Mittel bei Arthritis, Rheuma und Gicht. Darüber hinaus regt sie die Regeneration der Kopfhaut an und hilft gegen fettiges Haar und Schuppen.

Die Brennnessel ist nicht nur gut für den Körper, sondern auch für den Geist. Sie spendet Energie, Willenskraft und Lebensfreude. Die Pflanze wird in der Tradition dem Element Feuer, dem männlichen Planeten Mars und dem Donnergott Thor zugeordnet. Sie soll den Geist klären. Ihre kräftigen Wurzeln sollen helfen, sich zu erden und eine Verbindung zu sich selbst, zu anderen und zur Natur herzustellen. Man fühlt sich energiegeladener, selbstbewusster und stärker.

Kurz gesagt, eine Superpflanze, richtig! Maria Treben schrieb in ihrem Buch *Gesundheit aus der Apotheke Gottes*: »Wenn die Menschen wüssten, wie heilkräftig sie ist, würden sie nur noch Brennnesseln anbauen.«

VERWENDUNG

Erwachsene und Kinder ab zwölf Jahren können dreimal täglich ein Glas Wasser mit 20 Tropfen einnehmen, jedoch nicht länger als drei Wochen. Danach mindestens eine Woche Pause einlegen und beobachten, ob eine Besserung eintritt. Gegebenenfalls die Tinktur erneut bis zu drei Wochen einnehmen. Für Kinder unter zwölf Jahren die Dosis verringern: ein Tropfen für jedes Lebensjahr, mit Wasser gemischt. Die Tinktur ist etwa zwei Jahre haltbar.

TINKTUR

Reinigend und kräftigend

Für eine Tinktur werden Pflanzen mit Alkohol angesetzt, um ihre Wirkstoffe zu lösen und zu konservieren. Tinkturen haben eine stärkere Wirkung als etwa ein Kräuteraufguss. Das liegt daran, dass die Arzneistoffe länger Zeit haben, in den Alkohol überzugehen. Auf diese Weise lässt sich die Heilkraft einer Pflanze gut erhalten und zu einem späteren Zeitpunkt nutzen.

Eine Tinktur kann vorbeugend eingenommen oder bei akuten Beschwerden eingesetzt werden. Die Brennnesseltinktur hat vor allem eine reinigende und stärkende Wirkung auf den gesamten Körper. Sie reinigt Blut und Lymphe, wirkt harntreibend, entzündungshemmend, verdauungsfördernd und stärkt die Abwehr. Die Tinktur wird im Frühjahr aus den frischen jungen Trieben hergestellt, da diese besonders reich an Wirkstoffen sind.

SO WIRD ES GEMACHT

1. Die Brennnesselspitzen in kleine Stücke schneiden.
2. Das Glas zur Hälfte mit den Brennnesselstückchen füllen, dann den Alkohol darübergießen, bis das Glas gefüllt ist.
3. Den Deckel fest schließen und das Glas kurz schütteln.
4. Ein Etikett mit Inhalt und Ansatzdatum auf das Glas kleben.
5. Das Glas an einem gut sichtbaren Platz im Schatten aufstellen und jeden zweiten Tag schütteln.
6. Nach 4–6 Wochen ist die Tinktur fertig. Die Mischung durch ein feines Sieb gießen, um die Blätter aufzufangen. Alternativ feines Käseleinen verwenden, das alle kleinen Partikel auffängt und eine schöne, klare Tinktur ergibt.
7. Die abgeseihte Tinktur in dunkle Glasflaschen füllen. Etiketten mit Inhalt, Datum und Alkoholgehalt auf die Flaschen kleben.

ZUTATEN

ERGIBT 400 ML

- 1–2 Handvoll junge Brennnesselspitzen
- 400 ml Wodka oder Gin mit etwa 40 Vol.-% Alkohol

- *Schraubdeckelglas (500 ml Volumen)*
- *Kaffeefilter oder Käseleinen*
- *8 dunkle Glasflaschen (50 ml), am besten mit Pipette*

ABREIBUNG

Prickelnd und anregend

Es soll wohl bei Beschwerden wie Rheuma, Gicht, Hexenschuss und Arthrose helfen, mit frischen Brennnesseln über schmerzende Stellen zu streichen oder darauf zu klopfen. Das Klopfen regt die Durchblutung an und entspannt die schmerzenden Muskeln. Wer sich traut, kann es ja einmal versuchen.

ZUTATEN

- 1 Sträußchen frische Brennnesseln

SO WIRD ES GEMACHT

1 Die Brennnesseln an den Stängeln fassen und über die schmerzende Stelle streichen oder klopfen.
Achtung: Bitte nur bei gesunder und intakter Haut anwenden.

VERWENDUNG

Drei Tage in Folge einmal täglich mit Brennnesseln über die betroffenen Stellen streichen oder klopfen. Behutsam vorgehen: Das Brennen kann intensiv sein, verwandelt sich aber mit der Zeit in ein wohltuendes Wärmegefühl. Nach drei Tagen eine Pause einlegen und kaltes Wasser vermeiden, da dies ein erneutes Brennen verursachen kann.

ohne Handschuhe!

ABSUD

Gegen Beschwerden der Prostata

Für einen Absud (auch Dekokt genannt) werden Pflanzenteile eine Weile in Wasser gekocht, um ihnen die Inhaltsstoffe zu entziehen. Diese Methode eignet sich vor allem für härtere Pflanzenteile wie Wurzeln oder Rinde. Die Inhaltsstoffe der Brennnesselwurzel empfehlen sich besonders bei Prostatabeschwerden.

SO WIRD ES GEMACHT

1 Die Wurzeln in möglichst kleine Stücke schneiden. Das Wasser in einen Topf gießen und die Wurzelstücke hineingeben. 30 Minuten mit Deckel köcheln, dann abkühlen lassen.

2 Die Flüssigkeit durch Käseleinen oder ein Sieb abseihen. Mit Wasser wieder auf 1 l auffüllen und in einer gut verschlossenen Flasche im Kühlschrank aufbewahren. Dort hält der Absud sich zwei bis sechs Tage.

ZUTATEN

ERGIBT 1 LITER

- 20 g Brennnesselwurzeln
- 1 l Wasser

- *Käseleinen (Seihtuch)*
- *Flasche mit Deckel (1 l Volumen)*

VERWENDUNG

Ein bis zwei kleine Gläser pro Tag trinken, nach drei Wochen eine Pause einlegen.

Brennnessel-wurzeln

PULVER

Für Energie und Lebenskraft

Brennnesselpulver kann man kaufen, aber wer es selbst herstellt, kann sicher sein, dass es von ungespritzten Pflanzen stammt und nicht gestreckt ist. Das Pulver kann über Salate, Suppe und Joghurt gestreut oder in einen Smoothie gemixt werden. Selbst in Kapseln abgefüllt gelingt die Dosierung besonders gut – bewährt bei Müdigkeit oder Erschöpfungssymptomen.

ZUTATEN

ERGIBT 10 GRAMM

- 2 Handvoll frische oder 10 g getrocknete Brennnesselblätter

- *Mörser*
- *essbare Kapseln zum Selbstbefüllen, nach Belieben*
- *Kapselfüller*
- *2 Gläser mit Deckel (100 ml Volumen)*

SO WIRD ES GEMACHT

1 Frische Brennnesselblätter zunächst an einem trockenen, warmen Ort oder in einem Dörrautomat gut trocknen lassen.

2 Die Blätter zu Pulver zerstoßen. Das Pulver in ein Glas füllen und ein Etikett mit Inhalt und Datum daraufkleben. Das Glas an einem kühlen, dunklen Ort aufbewahren.
ODER:

3 Das Pulver in leere Kapseln füllen und verschließen. Die Kapseln ebenfalls in einem dicht schließenden Glas aufbewahren, damit sie nicht feucht werden. Ein Etikett mit Inhalt und Abfülldatum aufkleben oder anhängen.

VERWENDUNG

Höchstens 1 Teelöffel oder 1 Kapsel pro Tag und keinesfalls länger als vier Wochen einnehmen.

Kapseln

SHOT

Muntermacher gegen Frühjahrsmüdigkeit

Ein echter Vitaminbooster für die Frühjahrskur! Der konzentrierte Saft steckt voller Vitamine, Mineralien und Antioxidantien. Er bringt die Nierentätigkeit in Schwung, stärkt das Immunsystem und hilft gegen Frühjahrsmüdigkeit.

ZUTATEN

ERGIBT 1 TAGESDOSIS (90 ML)

- 1 Handvoll frische Brennnesselspitzen
- 90 ml Wasser (ggf. 5–10 ml mehr)

- *Käseleinen (Seihtuch)*

SO WIRD ES GEMACHT

1. Brennnesselspitzen und Wasser in einem Mixer fein pürieren.
2. Ein Sieb mit Käseleinen auslegen und die Mischung hineingießen. Mit einem Löffel fest ausdrücken. Das Käseleinen an den Ecken anheben und zusammendrehen, um auch den letzten Rest Saft herauszupressen.
3. Der Saft muss im Kühlschrank aufbewahrt werden und ist nur einen Tag haltbar.

VERWENDUNG

Vier Wochen lang 3x täglich 30 ml trinken.

Käseleinen

RÄUCHERBÜNDEL

Energetische Reinigung

In vielen Kulturen gibt es Räucherrituale, um Menschen oder Räume zu reinigen und zu segnen. Gekaufte Räucherbündel enthalten oft Weißen Salbei, der meist aus Nordamerika stammt. Dabei kann man Räucherbündel auch sehr gut mit einheimischen Pflanzen selbst herstellen. Beifuß hat eine sehr starke reinigende Wirkung. Rosmarin und Lavendel duften wunderbar, und Brennnessel darf natürlich auch nicht fehlen!

MATERIAL

- verschiedene Kräuter
- einige Zedernspitzen
- *pflanzliche Schnur*

VERWENDUNG

Das obere Ende (an den Spitzen) anzünden, dann die Flamme ausblasen, bis das Feuer nur noch schwelt und ein bisschen Rauch aufsteigt. Das gewünschte Ritual durchführen und danach das Räucherbündel in eine feuerfeste Schale legen. Wenn das Bündel von selbst erloschen ist, kann es erneut angezündet oder für später beiseitegelegt werden.

SO WIRD ES GEMACHT

1. Die Pflanzen in etwa gleich lange Abschnitte schneiden und alle in die gleiche Richtung zu einem Bündel zusammenbinden.
2. Die Schnur muss aus pflanzlichem Material bestehen, zum Beispiel aus Brennnesseln (siehe S. 134), Jute, Flachs oder Hanf.
3. Die Schnur zur Hand nehmen und etwa 10 cm abwickeln, dann von den Stängeln zu den Spitzen fest, aber nicht zu eng um das Kräuterbündel wickeln. Anschließend von den Spitzen zu den Stängeln wickeln und die Schnurenden fest verknoten.
4. Einige Wochen lang kopfüber zum Trocknen aufhängen.

FUSSBAD

Entlastend und heilend

Die berühmte Kräuterkundlerin Maria Treben war eine große Anhängerin der Brennnessel. Ihr zufolge bringt die Pflanze Linderung bei den verschiedensten Beschwerden. Regelmäßige Fußbäder empfiehlt sie Menschen, die an Rheuma, Gicht, Hexenschuss und Arthrose leiden.

SO WIRD ES GEMACHT

1. Die Pflanzenteile grob zerkleinern, mit dem Wasser in einen großen Topf geben und über Nacht stehen lassen.
2. Am nächsten Tag das Wasser bis kurz vor dem Siedepunkt erhitzen. Anschließend auf eine angenehme Temperatur für das Fußbad abkühlen lassen.
3. Das Wasser mit den Brennnesseln in eine Fußbadewanne oder eine andere passende Schüssel gießen und die Füße etwa 20 Minuten darin baden.

ZUTATEN

- 2 Handvoll frische Brennnesseln einschließlich Wurzeln
- 5 l Wasser

WURZELTINKTUR

Heilmittel für Männer

Meine Freundin Leoniek hat extra für dieses Buch ein Rezept für eine Brennnesselwurzeltinktur entwickelt. Die Wurzel wird bei gutartiger Prostatavergrößerung eingesetzt, weil sie entzündungshemmend und abschwellend wirkt.

ZUTATEN

ERGIBT 400 ML

- 1–2 Handvoll Brennnesselwurzeln
- 400 ml Wodka oder Gin mit etwa 40 Vol.-% Alkohol

- *Schraubdeckelglas (500 ml Volumen)*
- *feines Sieb oder Käseleinen*
- *8 dunkle Glasflaschen (50 ml), am besten mit Pipette*

SO WIRD ES GEMACHT

1. Die Wurzeln gründlich säubern. Man kann die Wurzeln auch erst trocknen lassen, dann lässt sich die Erde leichter entfernen.
2. Die Wurzeln in kleine Stücke schneiden und in das Glasgefäß geben. Mit dem Alkohol übergießen und den Deckel fest schließen.
3. Ein Etikett mit dem Ansatzdatum und dem Inhalt aufkleben. Sechs Wochen ziehen lassen.
4. Danach die Tinktur abseihen und in die kleinen Glasflaschen füllen.

VERWENDUNG

Dreimal täglich 20 Tropfen in etwas Wasser einnehmen, aber nicht länger als drei Wochen. Die Tinktur hält sich etwa zwei Jahre.

Leoniek Bontje ist Kräuterexpertin und hat mehrere Bücher veröffentlicht. Auch sie ist ein großer Fan der Brennnessel:

»Die Brennnessel hat mein Interesse für Wildpflanzen überhaupt erst befeuert und mich veranlasst, Workshops anzubieten. Ich wollte mich auf das konzentrieren, was in unserer direkten Umgebung wächst. Die Brennnessel ist ein echtes Superfood und wirklich fast überall zu finden. Man muss sich nur im Garten, beim Spazierengehen oder Radfahren umschauen. Gerade weil sie so wertvoll und verbreitet ist, war die Brennnessel eine der ersten Pflanzen, mit denen ich gearbeitet habe. Die meisten Menschen empfinden sie als lästig, weil sie brennt, aber ich nicht!
Seit ich mich mit Heilpflanzen beschäftige, hat mich die Brennnessel am meisten beeindruckt, was ihren Geschmack (ein bisschen wie Kerbel), ihre Wirkung (u. a. fördert sie die Blutbildung) und ihre Inhaltsstoffe betrifft. In Sachen Inhaltsstoffen ist sie ein echtes Superfood!«

SALBE

Lindernd und beruhigend

Salbe mit Brennnesseln hilft gegen Hautreizungen, Ekzeme, Pickel, Akne, Verbrennungen, Sonnenbrand, Insektenstiche und sogar gegen die von der Brennnessel selbst verursachte Hautreizung. Sie ist einfach herzustellen, und man kann sicher sein, dass sie nur natürliche Stoffe enthält. Bienenwachs ist geeignet, aber ich bevorzuge rein pflanzliche Zutaten und verwende darum Candelillawachs.

SO WIRD ES GEMACHT

1 Die Brennnesseln in kleine Stücke schneiden und das Glasgefäß zu drei Vierteln füllen.
2 Das Pflanzenöl darübergießen, bis das Glas vollständig gefüllt ist und die Brennnesseln mit Öl bedeckt sind.
3 Ein Etikett mit Datum und Inhalt auf das Glas kleben. Das Glas an einen sonnigen Platz auf der Fensterbank stellen und vier bis sechs Wochen stehen lassen. Regelmäßig schütteln.
4 Danach sind die Wirkstoffe durch die Wärme der Sonne in das Öl gezogen worden. Das Öl durch ein feines Sieb oder Käseleinen in einen Messbecher gießen und die Menge genau ablesen.
5 Pro 100 ml Öl werden 10 g Wachs (also 10 %) benötigt. Das Wachs exakt abwiegen.
6 Öl und Wachs im Wasserbad erhitzen, bis das Wachs flüssig ist. Gut verrühren. Das Wasser im unteren Topf sollte nicht kochen.
7 Nach Belieben einige Tropfen Vitamin-E-Öl und/oder ätherisches Öl hinzugeben, damit die Salbe länger hält, angenehm duftet und eine antibakterielle Wirkung hat. Dafür nicht mehr als 1 % der Gesamtmenge verwenden. Das Öl sollte auf unter 50 °C abgekühlt sein, bevor Vitamin-E- und ätherisches Öl hinzugefügt werden. Alles gut verrühren.
8 Die fertige Salbe in saubere Salbendöschen gießen. Sie wird beim Abkühlen fester. Ein schönes Etikett mit Inhalt und Datum aufkleben. Die Salbe ist etwa ein Jahr lang haltbar.

ZUTATEN

- frische oder getrocknete Brennnesseln, um ein Glasgefäß zu drei Vierteln damit zu füllen
- Pflanzenöl, z. B. Mandel- oder Sonnenblumenöl (ich verwende meist Bio-Olivenöl)
- Candelilla- oder Bienenwachs (Granulat)
- einige Tropfen Vitamin-E-Öl, nach Belieben
- einige Tropfen ätherisches Öl, z. B. Lavendel, nach Belieben

- *Schraubdeckelglas*
- *Salbendöschen oder -gläser mit Deckel*
- *feines Sieb oder Käseleinen (Seihtuch)*

SCHÖNHEIT

BRENNNESSEL-
PFLEGEÖL

BRENNNESSEL-
SHAMPOO

Bei äußerlicher und innerlicher Anwendung hat die Brennnessel eine vitalisierende und regenerierende Wirkung, darum wird sie seit Jahrhunderten auch bei der Körperpflege eingesetzt, zum Beispiel für Haare und Haut. Die Wirkstoffe fördern die Durchblutung, hemmen Entzündungen, kurbeln die Zellerneuerung an, helfen gegen Haarausfall und reduzieren Schuppenbildung. Mit ihrem hohen Gehalt an Mineralstoffen und Vitaminen wie Silizium, Calcium, Schwefel und den Vitaminen B und C regt Brennnessel die Keratinproduktion an und leistet dadurch einen Beitrag zu gesünderem, festerem, vollerem und glänzendem Haar.

Ich finde es immer wieder erstaunlich, dass eine Pflanze, die wir überall in der Natur kostenlos und in ausreichender Menge pflücken könn(t)en, so viele gute Eigenschaften besitzt. Trotzdem verwenden die meisten Menschen lieber Shampoo, Seife und Haarspülung mit chemischen Inhaltsstoffen, die unter Umständen Haut und Haaren, auf jeden Fall aber der Umwelt schaden. Darum möchte ich Sie dazu ermutigen, einmal die Herstellung von hundertprozentig natürlichen Körperpflegeprodukten auszuprobieren. Es ist wirklich nicht schwierig, man braucht nicht viele Utensilien und man weiß genau, was drin steckt.

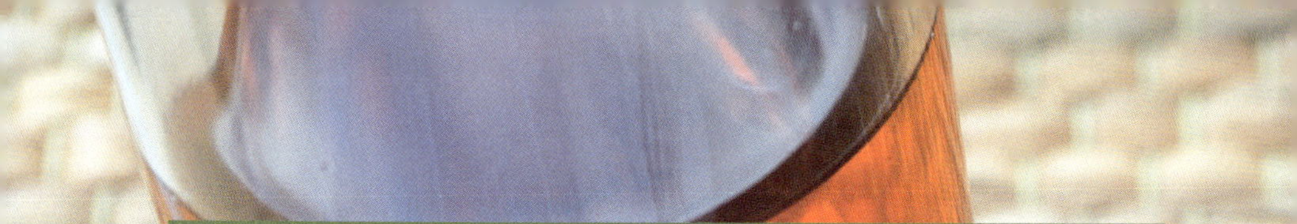

HAARSPÜLUNG I

Für seidig glänzende Haare

Diese Brennnesselspülung sorgt dafür, dass sich die Schuppenschicht jedes Haares nach dem Waschen wieder anschmiegt und das Haar glatt und glänzend wird. Die Säure des Apfelessigs wirkt antiseptisch und entzündungshemmend und reguliert den Säureschutzmantel der Kopfhaut.

ZUTATEN

ERGIBT 500 ML

- 2 Handvoll frische Brennnesselspitzen oder 10 g getrocknete Brennnesselblätter
- 400 ml Bio-Apfelessig

- *Schraubdeckelglas (500 ml Volumen)*
- *feines Sieb oder Käseleinen (Seihtuch)*
- *dunkle Glasflasche (500 ml Volumen), evtl. mit Sprühaufsatz*

SO WIRD ES GEMACHT

1. Die Brennnesselblätter in das Glas geben und mit dem Apfelessig übergießen. Die Blätter müssen vollständig bedeckt sein.
2. Ein Etikett mit dem Ansatzdatum und dem Inhalt auf das Glas kleben.
3. Das Glas vier Wochen an einen dunklen Platz stellen und regelmäßig schütteln.
4. Die Flüssigkeit durch ein feines Sieb oder Käseleinen abseihen.
5. Den Conditioner in die dunkle Glasflasche füllen und ein Etikett mit Datum und Inhalt aufkleben.

VERWENDUNG

Die Haare mit einem natürlichen Shampoo waschen und gründlich ausspülen. Die Spülung kann bei Bedarf mit Wasser verdünnt oder beim Duschen direkt auf den Kopf gegeben werden. Gut in die Kopfhaut einmassieren, danach die Haare nicht erneut ausspülen. Wenn der Conditioner kühl und dunkel aufbewahrt wird, ist er etwa sechs Monate haltbar.

HAARSPÜLUNG II

Für Volumen und Festigkeit

Die Brennnessel-Haarspülung pflegt die Kopfhaut und versorgt die Haarwurzeln. Sie macht das Haar griffiger, verleiht ihm Volumen und Glanz. Die Haarspülung intensiviert die Haarfarbe und eignet sich darum vor allem für dunkles Haar. Wer hellblonde Haare hat, kann die Brennnessel durch Kamille ersetzen.

SO WIRD ES GEMACHT

1 Die Brennnesselspitzen mit dem kochenden Wasser übergießen.
2 Mindestens 10 Minuten ziehen und abkühlen lassen.
3 Die Flüssigkeit abseihen und in die Flasche füllen.

ZUTATEN

ERGIBT 1 LITER

- 1 Handvoll frische Brennnesselspitzen oder 5 EL getrocknete Blätter
- 1 l kochendes Wasser

- *feines Sieb*
- *verschließbare Flasche (1 l Volumen)*

VERWENDUNG

Die Haare mit einem natürlichen Shampoo waschen und gut ausspülen. Die Spülung in kleinen Portionen über den Kopf gießen, sanft in Haare und Kopfhaut einmassieren und eine Weile einwirken lassen. Währenddessen die Haare immer wieder kämmen, um die Durchblutung der Kopfhaut anzuregen. Danach müssen die Haare nicht ausgespült werden. Wer Spülung übrig hat, kann sie einfach trinken – für die Wirkung von innen.

PFLEGEÖL

Nährend und entzündungshemmend

Dieses Öl kann sowohl für den ganzen Körper als auch für Haare und Kopfhaut verwendet werden. Es ist pflegend, entzündungshemmend und beruhigend. Brennnesselöl wirkt lindernd bei Juckreiz, trockenen Stellen und Ekzemen.

ZUTATEN

ERGIBT 250 ML

- 1 Handvoll frische Brennnesselspitzen
- 250 ml Mandel-oder Olivenöl
- einige Tropfen Vitamin-E-Öl

- *Schraubdeckelglas*
- *feines Sieb oder Käseleinen (Seihtuch)*
- *dunkle Glasflasche (250 ml Volumen)*

SO WIRD ES GEMACHT

1. Die Brennnesselspitzen in das Glas geben, sodass es zu zwei Dritteln gefüllt ist.
2. Das Öl zugießen. Die Blätter müssen vollständig bedeckt sein.
3. Einige Tropfen Vitamin-E-Öl hinzufügen. Es enthält Antioxidantien und verlängert die Haltbarkeit.
4. Das Glas auf eine sonnige Fensterbank stellen. Am ersten Tag mit einem Tuch abdecken, damit wässrige Bestandteile verdunsten können.
5. Danach das Glas mit dem Deckel verschließen, wieder in die Sonne stellen und regelmäßig schütteln.
6. Nach vier Wochen das Öl durch ein feines Sieb oder Käseleinen abseihen.
7. Das Öl in die dunkle Glasflasche füllen und ein Etikett mit dem Datum und dem Inhalt daraufkleben. Die Flasche an einem kühlen, dunklen Platz aufbewahren.

VERWENDUNG

Etwas Öl auf die gereizte Hautstelle auftragen und einziehen lassen. Gegen Schuppen das Öl in die Kopfhaut einmassieren und 15 Minuten einwirken lassen. Danach die Haare mit einem milden, natürlichen Shampoo waschen, gründlich ausspülen und bei Bedarf eine Brennnesselspülung verwenden. Das Öl ist etwa sechs Monate haltbar, wenn es kühl und dunkel gelagert wird.

BRENNNESSEL-
PFLEGEÖL

SCRUB

Anregend und erfrischend

Dieses durch und durch natürliche Peeling entfernt abgestorbene Hautzellen und fördert gleichzeitig die Durchblutung. Danach fühlt sich Ihre Haut wunderbar frisch und weich an.

SO WIRD ES GEMACHT

1 Die Blätter in einen Mörser geben und fein zerstoßen.
2 Die zerkleinerten Blätter mit dem Meersalz vermischen, dann in das Glas füllen.
3 Ein Etikett mit dem Datum und dem Inhalt aufkleben.

ZUTATEN

- 10 g getrocknete Brennnesselblätter
- 200 g grobes Meersalz

- *Mörser*
- *Glas mit dicht schließendem Deckel (250 ml Volumen)*

VERWENDUNG

Das Peeling nach dem Duschen auf die Haut auftragen und kräftig verreiben. Eine Weile einwirken lassen, dann mit Wasser gründlich abspülen. Wenn das Peeling in einem fest verschlossenen Glas an einem trockenen Platz aufbewahrt wird, ist es mindestens ein Jahr haltbar.

SHAMPOO

Für gesundes, glänzendes Haar

Dieses Shampoo hilft gut gegen fettiges Haar und Schuppen, kräftigt die Haare und gibt ihnen Volumen. Wenn man auf natürliche Haarpflege umsteigt, müssen sich Haare und Kopfhaut erst daran gewöhnen. Der natürliche Schutzmantel und die Talgproduktion müssen erst wieder aufgebaut werden, und das braucht seine Zeit. Geben Sie also nicht zu früh auf. Nach einigen Haarwäschen ist zu erkennen, dass die Haare fester, glänzender und gesünder werden.

ZUTATEN

ERGIBT 200 ML

- 1 EL Brennnesselöl (siehe S. 110)
- 100 ml flüssige Kastilienseife
- 50 ml Kokosmilch
- 8 ml Glyzerin
- 1 TL Vitamin-E-Öl
- 9 Tropfen ätherisches Öl nach Wahl

- *dunkle Glasflasche mit Pumpspender (200 ml Volumen)*

SO WIRD ES GEMACHT

1. Alle Zutaten in einer Schüssel verrühren.
2. Die Mischung in die Flasche mit Pumpspender füllen.
3. Ein Etikett mit dem Datum und dem Inhalt aufkleben.
4. An einem kühlen, dunklen Platz aufbewahren.

VERWENDUNG

Die Flasche vor Entnahme gut schütteln. Wie ein herkömmliches Shampoo anwenden und das Haar gründlich ausspülen. Durch das Vitamin-E-Öl ist das Shampoo etwa einen Monat haltbar.

Glyzerin

BRENNNESSEL-
SHAMPOO

DAMPFBAD

Reinigt und spendet Feuchtigkeit

Ein Dampfbad öffnet die Poren, reinigt und befeuchtet. Danach ist die Haut sauber, frisch und strahlend. Durch die Zugabe von Brennnessel wirkt das Ganze auch noch heilend bei kleinen Entzündungen wie Pickeln und Akne und regt die Durchblutung an. Ein Brennnesseldampfbad kann auch bei Atemwegserkrankungen wie Bronchitis, Asthma und Schleimhautentzündung helfen. Ein guter Tipp für das Spa in den eigenen vier Wänden!

SO WIRD ES GEMACHT

1. Das Wasser zum Kochen bringen.
2. Währenddessen das Gesicht gründlich waschen und eventuell abschminken.
3. Das kochende Wasser in eine große Schüssel gießen und Brennnesseln mit ein paar Tropfen ätherisches Lavendelöl hinzufügen.
4. Den Kopf über die Schüssel halten und ein Handtuch lose über Kopf und Schüssel hängen, damit der Dampf in Gesichtsnähe bleibt.
5. Etwa 5 Minuten so sitzen bleiben. Danach sind die Poren offen und Unreinheiten lassen sich mit klarem Wasser abwaschen.
6. Anschließend das Gesicht mit einem sauberen Handtuch trocken tupfen und eine Feuchtigkeitscreme auftragen.

ZUTATEN

- 1 l Wasser
- 2 Handvoll frische Brennnesselspitzen oder 4 EL getrocknete Brennnesselblätter
- ein paar Tropfen ätherisches Lavendelöl

lavendelöl

SEIFE

Natürliche Reinigung

Immer mehr Menschen stellen Seife aus natürlichen Zutaten selbst her. Zu ihnen gehört Evelien van Zonneveld von Werfzeep. Sie hat ein tolles Seifenbuch geschrieben, in dem sie alle möglichen Rezepte verrät. Ihr Rezept für Brennnesselseife dürfen wir für dieses Buch verwenden. Ich habe es natürlich selbst ausprobiert: Es ist ein faszinierendes Verfahren, und die Ergebnisse sind einfach toll.

ZUTATEN

FÜR 10 STÜCKE SEIFE

Basisöl
- 300 g Kokosöl
- 135 g Kakaobutter
- 420 g Olivenöl
- 45 g Rizinusöl

Lauge
- 80 g Brennnesselblätter
- 250 ml Wasser
- 127 g Natriumhydroxid (Ätznatron)

Ätherische Öle
- 9 g Basilikumöl
- 9 g Lemongrasöl
- 4 g Limettenöl

Farbe
- 22 g frisches Brennnesselchlorophyll (siehe S. 149)

VORBEREITUNG

1 **Basisöl**
- Kokosöl, Kakaobutter und Olivenöl in einem großen Topf bei schwacher Hitze auf 45 °C erhitzen und warm halten.

2 **Lauge**
- Brennnesselblätter und Wasser in einem Topf aufkochen. Auf Zimmertemperatur abkühlen lassen, dann abseihen.
- Den Brennnesselextrakt in den 500-ml-Messbecher geben. Handschuhe anziehen und Schutzbrille aufsetzen.
- Die Reine Soda in den Brennnesselextrakt geben, niemals umgekehrt.
- Rühren, bis das Natriumhydroxid aufgelöst ist. Die Lauge ist jetzt ziemlich heiß. Den Messbecher zugedeckt an einen sicheren Ort stellen und auf 45 °C abkühlen lassen.

3 **Duft**
- Die ätherischen Öle in dem kleinen Glas verrühren.

4 **Letzte Handgriffe**
- Das Rizinusöl in dem kleinen Glaskännchen abwiegen.
- Die ätherischen Öle in das Rizinusöl gießen und verrühren.
- Das Chlorophyll in einem kleinen Glas bereitstellen.
- Die Seifenform auf eine Decke oder ein Handtuch stellen. Eine Kuchenform aus Metall oder Glas mit Backpapier auskleiden. Für eine Silikonform ist kein Backpapier erforderlich.
- Die Temperatur von Basisöl und Lauge messen. Sobald beide 45 °C haben, kann es losgehen.

Fortsetzung auf S. 121

Fortsetzung von S. 118

SO WIRD ES GEMACHT

Seife sieden

1 Die Lauge langsam in dünnem Strahl in den Topf mit dem Öl gießen, dabei mit einem Schneebesen in Achterbewegungen rühren.
2 Die Verseifung setzt sehr schnell ein: Die anfangs noch goldenen, klaren Basisöle werden allmählich immer trüber und die Mischung wird heller und milchig.
3 Wer weniger Zeit oder Geduld hat, kann einen Stabmixer verwenden. Damit bildet sich sehr viel schneller eine cremige gelblich weiße Seife. Ab und an den Stabmixer ausschalten und mit dem Gerät per Hand weiterrühren, bis eine homogene Masse entstanden ist, und wieder einschalten. So wird verhindert, dass die Verseifung viel zu schnell abläuft.
4 Rühren, bis sichtbare Spuren in der Masse entstehen, also bis die Oberfläche nicht mehr glatt ist. Das Rührgerät kurz aus der Seifenmasse heben. Wenn Spitzen stehen bleiben, ist es Zeit für den nächsten Schritt.
5 Die Rizinusölmischung hinzufügen.
6 Rühren, bis die Masse wieder völlig homogen ist und in der cremigen Masse eine sichtbare Spur zurückbleibt.
7 Einige Löffel Seifenmasse in das Gefäß mit dem Chlorophyll schöpfen und gut umrühren.
8 Diese dunkelgrüne Mischung in den Topf geben.
9 Die Seifenmasse kräftig rühren, bis sie gleichmäßig grün eingefärbt ist.
10 Mit einem Spatel den inneren Topfrand freischaben und die Seifenmasse nochmals gut umrühren.
11 Die Masse in die vorbereitete Form gießen.
12 Die Form mit einem Stück Pappe oder Backpapier abdecken, dann in die Decke oder ein Handtuch einwickeln.

Am nächsten Tag: Seife schneiden

13 Nachdem die Seife einen Tag lang geruht hat, wird sie aus der Form gelöst.
14 Die Seife in Stücke schneiden und weitere vier Wochen an einem dunklen, trockenen Ort aufbewahren. Danach ist die Brennnesselseife fertig zum Gebrauch – oder zum Verschenken.

UTENSILIEN

- *Waage*
- *Edelstahltöpfe*
- *Messbecher aus Glas (500 ml)*
- *Schutzbrille und Handschuhe*
- *Deckel oder Teller zum Abdecken des Messbechers*
- *Kochthermometer*
- *1 kleines Glas*
- *Glaskännchen, 50 ml*
- *Seifenform oder Kuchenform*
- *Handtuch oder Decke*
- *Stabmixer*

FASERN

Wie Leinen und Hanf besteht auch der Brennnesselstängel aus Fasern, aus denen zum Beispiel Garn, Schnüre und Papier hergestellt werden können. Archäologische Funde beweisen, dass die Brennnessel schon in der Bronzezeit zur Herstellung von Stoff verwendet wurde. Im Lauf der Jahrhunderte kam dieses Material immer wieder zum Einsatz. Als beispielsweise im Zweiten Weltkrieg Kleiderstoff Mangelware war, trugen die deutschen Soldaten Kleidung aus Brennnesselgewebe. Die Bezeichnung »Nesselstoff« für einen einfachen Stoff, der heute allerdings meist aus Baumwolle hergestellt wird, verweist noch auf die Brennnessel.

Die Herstellung von Nesselstoffen spielt in Europa kaum noch eine Rolle. In England gibt es noch einige Betriebe, die maschinell Brennnesselstoff produzieren. Ein niederländisches Unternehmen, das Kleidung aus Brennnesselstoff anbot, wurde jüngst geschlossen. Die meisten Nesselfasern bestehen heute aus der Himalaya-Nessel aus Nepal und der Ramie-Nessel aus China und Japan.

Zum Glück gibt es immer mehr Menschen, die nach nachhaltigen Rohstoffen für die Herstellung von Stoffen und Kleidung suchen. Die Brennnessel ist dafür bestens geeignet, zumal ihr Anbau umweltfreundlicher ist als der von Baumwolle. Brennnesseln müssen nicht gewässert werden, Regen reicht normalerweise aus. Für ein einziges Baumwollhemd werden hingegen rund 8000 l Wasser benötigt. Baumwolle wächst nur in warmen Ländern, während Brennnesseln in ganz Europa gedeihen, sogar im kühlen Norden. Im Baumwollanbau werden viele Insektizide und Pestizide eingesetzt, bei der Brennnessel ist das nicht nötig. Außerdem sind Brennnesselfasern stabiler und leichter als Baumwolle, Flachs und Hanf. Sie kühlen im Sommer und isolieren im Winter gut. Angesichts all dieser Vorteile ist es erstaunlich, dass kaum Brennnesseln im größeren Stil angebaut werden.

Nesselfasern kann man sammeln und daraus Garn, Schnüre und Papier herstellen. Das ist etwas aufwendig, lohnt aber einen Versuch, denn es ist ungemein befriedigend, mit den eigenen Händen aus einheimischen Naturmaterialien etwas zu schaffen – ganz ohne komplizierte Maschinen und gratis.

KÖRBCHEN

Pfiffige Wickeltechnik

Aus stabilen Brennnesselfasern kann man Untersetzer oder kleine Körbchen basteln. Die Wickeltechnik, die ich hier zeige, nennt man Coiling. Dabei werden Faserstränge schnecken- oder spiralförmig gelegt und mit stabilen Fäden verbunden. Ich bleibe mir treu und verwende ein handgesponnenes Garn aus Brennnesseln. Selbstverständlich sind auch andere Garne geeignet, aus Naturfasern sollten sie aber sein.

MATERIAL

- ein großes Bündel lange Brennnesseln
- festes (Brennnessel-) Garn (siehe S. 129)

- *Handschuhe*
- *stumpfes Messer*
- *dicke Sticknadel ohne Spitze*

SO WIRD ES GEMACHT

1 Mit Handschuhen alle Blätter von oben nach unten von den Brennnesselstängeln abstreifen und die Stängel einige Male abreiben, um alle Brennhaare zu entfernen.

2 Die Stängel mit einem stumpfen Messer der Länge nach einschneiden (nicht durchschneiden) und aufklappen. Die Stängel mit beiden Händen aufbrechen und den harten Kern herausnehmen. Wir brauchen nur die Fasern der Außenseite.

3 Die Fasern trocknen lassen, bis sie benötigt werden. Vor der Verarbeitung anfeuchten, damit sie wieder geschmeidig werden.

4 Kleine Bündel aus einigen Nesselfasern bilden. Quer zueinander legen und die Enden locker umeinanderdrehen, sodass ein langer verdrehter Strang entsteht.

5 Den Anfang des Strangs schneckenförmig einrollen und mehrmals mit Garn umwickeln.

6 Immer weiter schneckenförmig aufrollen, dabei jede Wicklung mit dem Garn an der vorherigen Runde befestigen.

7 Wenn der Strang zur Neige geht, neue Faserbündel derselben Stärke verwinden und anlegen. Eventuell müssen die Fasern zwischendurch angefeuchtet werden, damit sie geschmeidig bleiben. Für eine Scheibe fortfahren, bis sie den gewünschten Durchmesser hat.

8 Um ein Körbchen zu erhalten, die Faserstränge spiralförmig *übereinander*legen und wie zuvor befestigen. Fortfahren, bis das Körbchen die gewünschte Höhe hat. Die letzten Fasern abschneiden und mit einigen Garnwicklungen fixieren.

GARN

Natürlich und schön

Die Herstellung von Nesselgarn von Hand ist ein recht mühsames Unterfangen. Ich stelle hier eine relativ einfache Methode vor, bei der ein schönes, natürliches Garn entsteht, das sehr stabil ist und sich gut verarbeiten lässt.

SO WIRD ES GEMACHT

1 Mit Handschuhen alle Blätter von oben nach unten von den Brennnesselstängeln abstreifen und die Stängel einige Male abreiben, um alle Brennhaare zu entfernen.

2 Die Stängel der Länge nach mit einem stumpfen Messer einritzen. Die Stängel mit den Händen aufbrechen und an mehreren Stellen knicken.

3 Die Stängel anwelken lassen, damit sich das Bindemittel, das die Fasern zusammenhält, auflöst. Dafür die Fasern einige Tage locker verteilt auf den Rasen legen und zwischendurch regelmäßig wenden. Regenwetter beschleunigt diesen Vorgang.

4 Von Zeit zu Zeit prüfen, ob sich die äußere Schicht schon leichter vom Kern abziehen lässt. Wenn sich die Fasern noch wachsartig anfühlen, müssen sie noch etwas länger liegen.

5 Die Fasern vorsichtig vom Kern abziehen, dabei sollen sie so lang wie möglich bleiben. Das ist einfacher, wenn der Stängel feucht ist. Bei trockenen Stängeln brechen die Fasern eventuell an den Blattknospen ab.

6 Ein Bündel Fasern zwischen den Händen kräftig reiben. Mit einem stumpfen Messer mehrmals entlang der Fasern schaben, bis sie wie Wolle aussehen.

7 Falls nötig, die Fasern mit Kardierbürsten auskämmen, damit alle Härchen in derselben Richtung verlaufen. Kleine Büschel der Nesselfasern nehmen und mit zwei Bürsten in entgegengesetzte Richtungen ziehen. Sobald alle Härchen in dieselbe Richtung zeigen, die Fasern zu einem Bündel formen.

8 Ein Faserbündel fassen und eine dünne Spitze drehen. Diese Spitze an dem Holzstab fixieren, die Faserbündel verdrehen und Stück für Stück um den Holzstab wickeln. Immer wieder kleinere Büschel von dem großen Faserbündel abzupfen, an den »Faden« anfügen und immer in derselben Richtung drehen. Fortfahren, bis alle Fasern verbraucht sind. Jetzt kann das Garn zum Weben, Stricken oder Häkeln verwendet werden.

MATERIAL

- möglichst lange Brennnesselstängel (zu finden vor allem von Juli bis Oktober)

- *Gartenhandschuhe*
- *stumpfes Messer*
- *Kardierbürsten (Wollkarderbürsten)*
- *Holzstab*

PAPIER

Selbst gemacht

Die Brennnessel eignet sich wegen ihrer festen Fasern sehr gut zur Papierherstellung. Die Farbe des Papiers ist anfangs grün, verblasst aber später zu einem hellen Braun. Die Künstlerin Loes Schepens stellt wunderschöne Kunstwerke aus selbst gemachtem Pflanzenpapier her. Von ihr und in einem Workshop mit Judith Rosema vom Ink Studio habe ich gelernt, wie man aus Brennnesseln Papier herstellt.

MATERIAL

- ein großes Bund Brennnesseln mit langen, kräftigen Stängeln
- 3 l Wasser

- *Handschuhe*
- *großer Topf aus Edelstahl*
- *Soda*
- *große Schüssel*
- *Holzlatte, Nudelholz oder Stabmixer*
- *große (eckige) Schüssel, in die der Schöpfrahmen passt*
- *Schöpfrahmen*
- *2 Holzlatten*
- *saugfähige Vliestücher*
- *Baumwolltücher*
- *2 Holzbretter*
- *4 Leimzwingen*

SO WIRD ES GEMACHT

1. Handschuhe anziehen und alle Blätter von den Stängeln abstreifen. Das Wasser in dem großen Topf zum Kochen bringen.
2. Die Stängel in so lange Stücke schneiden, dass sie gerade in den Topf passen.
3. Die Stängel wiegen. Vom Soda 10 % des ermittelten Gewichts abwiegen und in das kochende Wasser geben.
4. Die Stängel in den Topf geben und 1–1½ Stunden leicht köcheln lassen. Ab und zu kontrollieren, ob sich die Fasern schon vom Kern lösen. Sobald dies der Fall ist, die Stängel aus dem Topf nehmen und in ein Sieb geben.
5. Die Stängel kurz unter kaltem Wasser abspülen, um das Soda zu entfernen. Nicht zu lange spülen, da sonst schon zu viel Fruchtfleisch verloren geht.
6. Mit den Fingern die äußere Schicht von den Stängeln abstreifen. Für die Papierherstellung werden nur diese äußeren Fasern benötigt. Die Fasern in einer Schüssel sammeln.
7. Die Fasern auf der Arbeitsfläche ausbreiten. Mit der Holzlatte oder dem Nudelholz 10 Minuten auf die Fasern schlagen, dabei die Fasern gelegentlich etwas auseinanderziehen. Bei Bedarf sehr lange Stücke etwas kleiner schneiden. Wer möchte, kann auch einen Stabmixer verwenden. In diesem Fall die Fasern zuerst in kurze Stücke schneiden, da sie sich sonst um die Achse des Schneidmessers wickeln.
8. Das Fruchtfleisch in eine große Schüssel mit Wasser geben. Das Wasser mit der Hand bewegen, um den Brei gut zu verteilen. Den Schöpfrahmen von der Seite hineinschieben und bis zum Boden absenken.

Fortsetzung auf S. 133

Die Zellulose in den Stängeln der Brennnessel bewirkt, dass die Fasern aneinanderhaften. Wenn man die Stängel mit Soda kocht, werden die Fasern weich. Ein professioneller Papiermacher gibt die Fasern dann in eine spezielle Maschine, um sie zu Brei (auch Pulpe genannt) zu verarbeiten. Zu Hause kann man die Fasern mit einem Stabmixer zerkleinern, aber dabei werden die Verbindungen zwischen den Fasern zerschnitten. Besser ist es darum, sie zu zerquetschen, damit die zusammenhängende Struktur erhalten bleibt. Wählen Sie die Methode mit Holzlatte oder Nudelholz, auch wenn das mühsamer klingt. Das Papier wird dadurch fester. Das Endergebnis ist ein wunderschönes, selbst gemachtes Papier!

Fortsetzung von S. 130

9 Den Schöpfrahmen anheben, dabei ganz waagerecht halten, sodass sich eine dünne Schicht Pflanzenbrei auf ihm ablagert. Zwei Holzlatten über die Schüssel legen, den Schöpfrahmen darauf absetzen und einen Moment abtropfen lassen. Den äußeren Rahmen vorsichtig abnehmen, sobald die meiste Flüssigkeit abgetropft ist. Den Schöpfrahmen leicht schräg halten, damit auch die letzte Feuchtigkeit abfließen kann.

10 Ein Vliestuch ausbreiten und darauf ein Baumwolltuch. Den Schöpfrahmen hochkant auf den Tuchrand setzen, dann kippen und fest andrücken, um das Papier auf dem Tuch abzulegen. Den Schöpfrahmen abnehmen.

11 Auf das Papier ein weiteres Baumwolltuch und ein Vliestuch legen. Darauf folgt ein weiteres Baumwolltuch, auf dem das nächste Blatt Papier abgelegt wird. Das letzte Blatt Papier wieder mit Baumwolltuch und Vliestuch bedecken.

12 Den Stapel zwischen zwei Holzbretter legen und an den Ecken mit den Leimzwingen fest zusammenpressen. Einen Tag trocknen lassen, dann das Papier vorsichtig aus den Tüchern lösen. Das Papier liegend aufbewahren und am besten flächig beschweren, damit es glatt bleibt.

Brennnesselpapier

SCHNUR

Praktisch und stabil

Manchmal könnte man auf einem Spaziergang ein Stück Schnur gut gebrauchen, hat aber keins zur Hand. Aus Brennnesseln kann man es direkt an Ort und Stelle herstellen. Das ist nicht schwierig, und die Schnur ist verblüffend stabil. Gut zu wissen!

MATERIAL

- möglichst lange Brennnesseln (am besten von Juli bis September zu finden)

- *Handschuhe oder Stofflappen*
- *Messer, bei Bedarf*

SO WIRD ES GEMACHT

1. Handschuhe anziehen und die Blätter von oben nach unten von den Stängeln abstreifen. Mehrmals kräftig an den Stängeln entlangreiben, um alle Brennhärchen abzubrechen.
2. Die leicht viereckigen Stängel mit einem Fingernagel oder einem Messer der Länge nach von unten nach oben einritzen, aber nicht durchschneiden. Den aufgeschlitzten Stängel mit einem Stein weich klopfen.
3. Den Stängel aufklappen, sodass das Innere zu sehen ist. Für die Schnur werden nur die äußeren Fasern benötigt. Der holzige Kern wird entfernt.
4. Die Stängel mit den Händen knicken, sodass sich die äußeren Fasern vom holzigen Kern lösen. Die Fasern vorsichtig vom Kern abziehen. Sie sollen so lang wie möglich bleiben.
5. Die Fasern eine Weile trocknen lassen, bis ein Großteil der Feuchtigkeit verdunstet ist.
6. Eine lange Faser mit beiden Händen erfassen und die Enden gegeneinander verdrehen, sodass in der Mitte eine kleine Schlaufe entsteht.
7. Die Schlaufe mit einer Hand festhalten und abwechselnd jeweils ein Ende in dieselbe Richtung drehen, sodass die beiden Faserenden beginnen, sich umeinander zu verdrehen. Diese Technik wird Zwirnen genannt.
8. Mit der Hand, die bislang die Schlaufe gehalten hat, nun das bereits verzwirnte Stück festhalten und mit der anderen Hand die Enden immer weiter umeinanderdrehen.
9. Wenn das Ende der Fasern erreicht ist, eine neue Faser anlegen, um die Schnur zu verlängern. Dabei soll die Dicke der Schnur möglichst gleichmäßig bleiben. So entsteht eine recht dünne, aber sehr stabile Schnur. Für eine dickere Schnur kann man zwei dieser Stränge miteinander verzwirnen oder aus drei Strängen einen Zopf flechten.

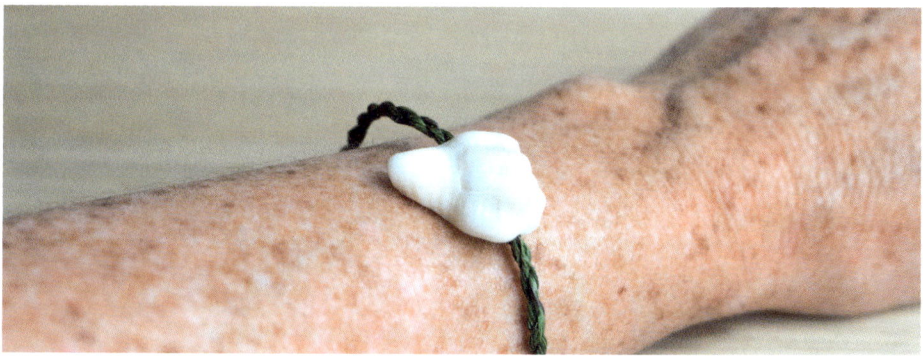

FARBE

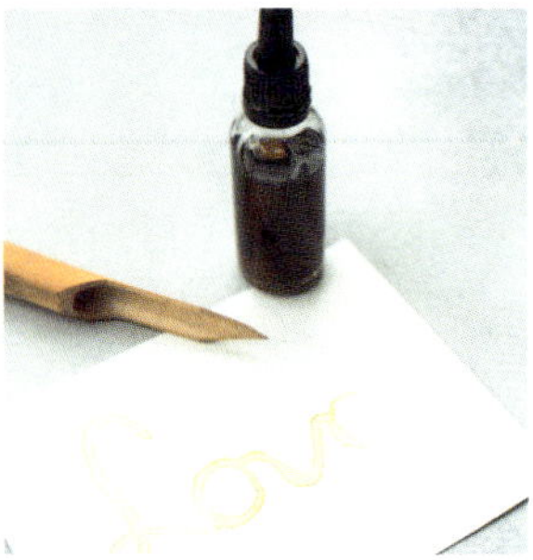

Früher wurden Textilien mit Pflanzen gefärbt, heute verwenden wir dafür oft synthetische Farbstoffe. Immer mehr Menschen interessieren sich aber auch wieder für natürliche Färbemethoden. Für Rot und Orange verwenden wir Krapp, für Gelb und Grün Färber-Wau (Reseda) und für Blau Färberwaid. Brennnessel wird benutzt, um grünliche Farbtöne zu erhalten. Die endgültige Farbe hängt davon ab, wann und wo man die Pflanzen erntet. Frische Brennnesseln ergeben einen besonders intensiven Ton, aber man kann sie auch trocknen und später verwenden.

Die Brennnessel enthält viel Chlorophyll. Das ist der Farbstoff, der an der Fotosynthese der Pflanze mitwirkt. Chlorophyll wird manchmal auch verwendet, um Lebensmittel zu färben oder um kosmetischen Produkten wie Seife eine schöne grüne Farbe zu geben. Brennnesselblätter enthalten so viel Chlorophyll, dass man mit ihnen direkt auf Papier oder Stoff schöne Muster drucken kann.

Mit einem speziellen Verfahren kann man aus der Brennnessel auch farbiges Pigmentpulver gewinnen. Dieses Pulver eignet sich dann als Rohstoff für die Herstellung von Farben. Das wussten schon die alten Meister der Malerei. Mischt man das Pigmentpulver mit Öl, erhält man Ölfarbe. Um Wachsmalkreiden herzustellen, mischt man das Pulver mit Sojawachs.

Sogar zum Glasieren von Keramik kann man Brennnessel benutzen. Wird Brennnesselasche auf einen keramischen Untergrund aufgetragen und in einem speziellen Brennofen gebrannt, erhält man wunderschöne, lebendige Glasuren in natürlichen Farbtönen.

AQUARELLFARBE

Malen mit Pflanzenpigmenten

Aus Pflanzen wie Schafgarbe, Löwenzahn und Gänsefingerkraut kann man eine kleine Farbpalette zusammenstellen. Brennnessel liefert ein schönes Grün. Wer die Aquarellfarbe in kleinen Muschelschalen aushärten lässt, kann sie zum Malen mit ins Freie nehmen.

SO WIRD ES GEMACHT

1 Das Gummi arabicum in dem warmen Wasser verrühren, bis keine Klümpchen mehr vorhanden sind.
2 50 ml Glyzerin und das Nelkenöl zugeben. Letzteres sorgt für eine längere Haltbarkeit.
3 Diese Mischung im Verhältnis 9:1 mit Glyzerin verrühren (9 EL Mischung mit 1 EL Glyzerin). Dies ist die Basis der Aquarellfarbe.
4 Nun die Basis im Verhältnis 1:1 mit Pigment mischen. Gut umrühren, damit die Basis gleichmäßig eingefärbt wird.
5 Die fertige Farbe in Tuben oder fest verschließbaren Gläsern aufbewahren. Man kann sie auch in Muschelschalen gießen und trocknen lassen.

MATERIAL

- 75 g Gummi arabicum (Pulver)
- 250 ml warmes Wasser
- 50 ml Glyzerin, plus etwas mehr zum Aufbereiten
- 2 Tropfen ätherisches Nelkenöl
- Brennnesselpigment (siehe S. 153)

- *Muschelschalen*

Gummi arabicum

GLASUR

Natürlich und lebendig

Als Keramikerin habe ich gelernt, dass man die Asche von Pflanzen für natürliche Glasuren auf Ton verwenden kann. Natürlich habe ich auch Brennnesseln ausprobiert, und es stellte sich heraus, dass sie für diesen Zweck perfekt geeignet ist. Zweifellos ist dies ein recht spezielles Verfahren, aber ich möchte es trotzdem vorstellen, weil es so interessant ist. Das Ergebnis hängt davon ab, wo und zu welcher Jahreszeit die Brennnesseln geerntet wurden. Gerade diese Unvorhersehbarkeit macht den Prozess so spannend, denn jedes Stück wird ein Unikat.

MATERIAL

- 1 großes Bund getrocknete Brennnesseln
- Wasser

- *Feuerstelle, Feuerkorb oder alter Grill*
- *Feuerzeug*
- *Staubmaske*
- *Bürste*
- *feines Sieb*
- *kleine Schale*
- *Pinsel*
- *unglasiertes Keramikobjekt, möglichst vorgebrannt*
- *Schwamm*
- *Brennofen*

SO WIRD ES GEMACHT

1. Die getrockneten Brennnesseln in kleinere Stücke schneiden.
2. Die Brennnesselstücke in eine Feuerstelle oder einen sauberen Feuerkorb legen. Ich verwende einen sauberen alten Grill, so kann ich sicher sein, dass die Brennnesselasche nicht durch andere Asche verunreinigt wird.
3. Die Brennnesseln anzünden und komplett verbrennen lassen. Die Asche abkühlen lassen. Die Staubmaske aufsetzen und die Asche mit einer Bürste durch das Sieb reiben.
4. Die Asche in der Schale mit etwas Wasser zu einem relativ flüssigen Brei verrühren. Er sollte die Konsistenz von Buttermilch haben.
5. Mit dem Pinsel Aschebrei auf das Objekt auftragen – aber nicht an Stellen, die mit der Ofenplatte in Berührung kommen (sie würden festkleben). Die Glasur kann verlaufen, darum ist es wichtig, zwischen dem bestrichenen Bereich und der Ofenplatte etwas Abstand zu lassen.
6. Glasurtropfen von der Unterseite und dem unteren Rand des Tonobjekts mit einem feuchten Schwamm abwischen.
7. Jetzt ist das Objekt bereit für den zweiten Brand. Die Asche wird erst bei Temperaturen über 1240 °C zur Glasur, die ideale Temperatur liegt bei 1280 °C. Mit etwas Erfahrung kennt man die besten Brennprogramme für den eigenen Ofen.
8. Es ist immer sehr spannend und überraschend, wie die Glasur am Ende aussehen wird. Der Reiz der Glasur liegt gerade in der Unberechenbarkeit.

Für dieses Projekt wird ein Objekt (z. B. eine Schale oder Tasse) aus Steinzeugton benötigt, das eine Brenntemperatur von etwa 1240 °C verträgt. Es ist sinnvoll, wenn der erste Brand oder Schrühbrand (Rohbrand) bei 1000 °C bereits erfolgt ist, man spricht dann von einem geschrühten Scherben. Aber die Glasur kann auch direkt auf den ungebrannten Ton aufgetragen werden. Wenn alles gut getrocknet ist, erfolgt der Glasurbrand.
Wer keinen eigenen Brennofen hat und keinen Töpfer kennt, kann sein Objekt in einer offenen Keramikwerkstatt gegen eine Gebühr brennen lassen.

HAMMERSCHLAGTECHNIK

Durchschlagender Erfolg

Die japanische Technik *Hapa Zome* bedeutet »Blattfarbe« und ist eine der unkompliziertesten Methoden, mit Pflanzen zu färben. Bei diesem Verfahren entsteht ein Abdruck von Blättern und Blüten auf Papier oder Stoff. Die Pflanzenteile werden dazu oft wie ein Mandala angeordnet, aber selbstverständlich sind auch eigene Kreationen möglich. Die Blüten und Blätter vieler Pflanzen eignen sich für diese Technik, natürlich auch die Brennnessel.

SO WIRD ES GEMACHT

1. Stoff oder Papier auf die Unterlage legen und die Blätter in der gewünschten Anordnung darauf verteilen.
2. Das zweite Stück Stoff oder Papier darauflegen und mit dem Hammer vorsichtig die Blätter abklopfen. Nach einer Weile dringt die Farbe der Blätter in den Stoff oder das Papier ein. Wenn alles gleichmäßig gehämmert ist, das obere Stück Stoff oder Papier entfernen.
3. Die Blätter und Blüten abnehmen, und fertig ist das Kunstwerk!

MATERIAL

- 2 Stücke weißer Stoff oder weißes Papier
- harte, glatte Unterlage, z. B. ein Holzbrett
- frische, schöne Brennnesselblätter
- einige andere Blätter und Blumen

- *Hammer*

TINTE
aus eigener Herstellung

Tinte aus Brennnesseln (oder anderen Pflanzen) ist ganz einfach herzustellen. Sie eignet sich zum Schreiben und natürlich auch zum Zeichnen. Es ist etwas ganz Besonderes, einen handgeschriebenen Brief mit selbst gemachter Tinte zu bekommen.

MATERIAL

- 4 Handvoll Brennnesseln
- Wasser
- 1 Spritzer flüssiges Gummi arabicum
- Gewürznelken

- *Topf*
- *feines Sieb oder Käseleinen (Seihtuch)*
- *kleine Flaschen mit Pipettenaufsatz*
- *Pinsel oder Zeichenfeder*
- *Papier*

SO WIRD ES GEMACHT

1. Die Brennnesseln in Stücke schneiden und in einen Topf geben. Die Pflanzen mit Wasser bedecken und zum Kochen bringen. 1 Stunde sanft köcheln lassen, dann vom Herd nehmen.
2. Über Nacht ziehen lassen, sodass ein sehr starker Sud entsteht.
3. Den Sud durch ein feines Sieb oder Käseleinen gießen.
4. Etwas Gummi arabicum zugeben, damit die Tinte besser fließt.
5. Die Mischung in die kleinen Flaschen füllen.
6. In jede Flasche eine Gewürznelke geben, damit die Tinte länger hält.
7. Etiketten mit Datum und Inhalt auf die Flaschen kleben.
8. Nach Belieben einen Tupfer Tinte auf das Etikett geben, um gleich eine Vorstellung von der Farbe zu haben.
9. Wie wäre es, mit der Tinte gleich einen persönlichen Brief an einen lieben Menschen zu schreiben?

Gewürznelken

Love

FARBSTOFF

Natürliche Lebensmittelfarbe

Brennnesseln enthalten viel Chlorophyll. Dieser Stoff verleiht Blättern ihre grüne Farbe und ist an der Fotosynthese beteiligt, also der Energiegewinnung der Pflanze aus Sonnenlicht.
Man kann das Chlorophyll aus der Brennnessel extrahieren, um beispielsweise Suppen, Saucen, Nudeln, Kuchenteig oder Eis damit einzufärben, aber auch kosmetische Produkte wie Creme oder Seife. Der Brennnesselsud sollte aber nicht zu lange erhitzt werden, sonst verliert sich die schöne grüne Farbe.

SO WIRD ES GEMACHT

1. Die Brennnesselblätter und das Wasser in den Mixer geben und einige Minuten lang so fein wie möglich pürieren. Je feiner die Mischung ist, desto mehr Chlorophyll wird freigesetzt.
2. Das Sieb über einen Topf hängen, das Käseleinen anfeuchten und in das Sieb legen. Das Brennnesselpüree hineingießen und die Feuchtigkeit mit einem Löffel so gut wie möglich durchdrücken. Das Tuch an den Ecken anheben und wie einen Beutel zusammendrehen, um die letzte Flüssigkeit herauszupressen.
3. Die Flüssigkeit bei schwacher Hitze langsam auf 80 °C erwärmen. Sie darf nicht kochen! In der Zwischenzeit den Trester entsorgen und das Käseleinen gut ausspülen. In der Flüssigkeit zeigen sich derweil kleine, grüne Körnchen – die brauchen wir!
4. Das Sieb über eine Schüssel hängen und mit dem ausgespülten Käseleinen auslegen. Die Flüssigkeit ins Sieb gießen.
5. Den grünen Rückstand vom Käseleinen schaben – das ist unser Farbstoff. Er ist im Kühlschrank drei Tage haltbar, kann aber für die spätere Verwendung auch eingefroren werden.

MATERIAL

ERGIBT ETWA 25 GRAMM

- 250 g frische Brennnesselblätter
- 500 ml Wasser

- *Sieb*
- *Topf*
- *Käseleinen (Seihtuch)*
- *Kochthermometer*

ÖLFARBE

Nach Rembrandts Vorbild

Die alten Meister haben ihre Farben meist aus Pigmenten natürlicher Materialien wie Steinen, Erde und Pflanzen hergestellt. Auch Brennnesselpigment kann zur Herstellung von Ölfarbe verwendet werden. Damit die Farbe wirklich nachhaltig ist, verwende ich auch ein pflanzliches Öl. Die fertige Farbe wird in leere Tuben gefüllt, um sie bis zur nächsten Sitzung aufbewahren zu können.

ZUTATEN

- Brennnesselpigment (siehe S. 153)
- Leinöl

- *Anreibeplatte aus Glas*
- *Malspachtel*
- *Glasläufer*
- *leere Farbtuben*
- *Zange*

SO WIRD ES GEMACHT

1. Ein Häufchen Pigmentpulver auf die Anreibeplatte geben und mit dem Malspachtel in die Mitte eine kleine Vertiefung drücken.
2. Etwas Leinöl in die Vertiefung geben und mit dem Pigment vermischen. Tropfenweise mehr Öl einarbeiten, bis die gewünschte Konsistenz erreicht ist.
3. Mit dem Glasläufer in kreisenden Bewegungen über die Masse fahren, bis alle Pigmentteilchen vollständig mit Öl bedeckt sind.
4. Die Farbe ist nun gebrauchsfertig. Um sie aufbewahren zu können, wird sie in leere Tuben gefüllt.
5. Die Farbe mit dem Spachtel in die unten offene Leertube füllen. Mit dem Deckel der Tube auf die Arbeitsfläche klopfen, damit Luftblasen nach oben steigen.
6. Den unteren Tubenrand mithilfe der Zange zusammendrücken und mehrmals umfalten.
7. Ein Etikett mit Inhalt und Datum auf die Tube kleben.

Leinöl

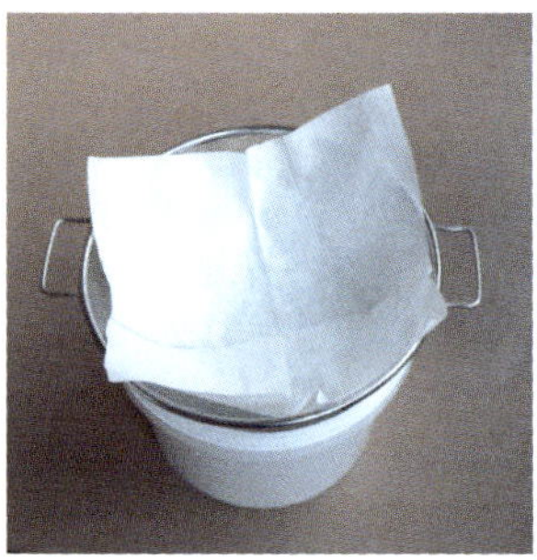

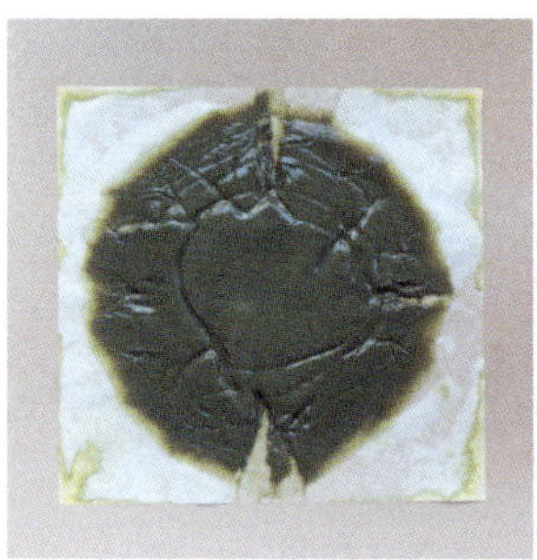

PIGMENT

Pulver zum Einfärben

Aus der Brennnessel kann schönes grünes Farbpigment extrahiert und in einem speziellen Verfahren zu Pulver verarbeitet werden. Dieses Pigmentpulver kann anschließend Aquarellfarbe, Ölfarbe, Wachsmalstiften und Pastellkreiden Farbe verleihen.

SO WIRD ES GEMACHT

1 Frische oder getrocknete Brennnesseln können verwendet werden, ebenso die ganzen oberirdischen Teile oder nur die Triebspitzen. Je nach verwendetem Material wird der Farbton etwas anders ausfallen. Die Brennnesseln in Stücke schneiden, in den Kochtopf geben und mit dem Wasser übergießen.

2 Bis an den Siedepunkt erhitzen und 15 Minuten sanft köcheln lassen.

3 Den Topf vom Herd nehmen und zum Abkühlen beiseitestellen. Ich lasse die Mischung meistens über Nacht stehen.

4 Am nächsten Tag die Mischung erneut bis an den Siedepunkt erhitzen und 15 Minuten köcheln lassen. Vom Herd nehmen und die Flüssigkeit durch das feine Sieb gießen, damit das ganze Pflanzenmaterial aufgefangen wird.

5 Die Flüssigkeit in einen Messbecher gießen um die genaue Menge zu ermitteln. Die angegebenen Mengen Alaun und Natron gelten für 1 l Aufguss. Alaun und Natron in zwei getrennten Schüsseln abwiegen. Sie können die Mengen variieren und damit auch die endgültige Farbe beeinflussen. Experimente sind erwünscht!

6 Der Messbecher darf nicht ganz voll sein, weil die Flüssigkeit beim Zugeben des Natrons kräftig schäumt. Zuerst das Alaun in die noch heiße Flüssigkeit geben und gut umrühren, bis es vollständig aufgelöst ist. Dann das Natron zugeben. Vorsicht, es schäumt! Jetzt zeigt sich die endgültige Farbe.

Fortsetzung auf S. 154

MATERIAL

- 250 g frische Brennnesselblätter
- 1½ l Wasser
- 10 g Alaun
- 5 g Natron

- *alter Kochtopf*
- *feines Sieb oder Nussmilchbeutel*
- *durchsichtiger Messbecher*
- *Filterpapier (aus dem Laborbedarf)*
- *Mörser*

Fortsetzung von S. 153

7 Gut umrühren, dann eine Weile stehen lassen.
8 Nach einer Weile sinken die Pigmentteilchen auf den Boden und darüber setzt sich (halbwegs) klare Flüssigkeit ab. Diese klare Flüssigkeit vorsichtig abgießen, sodass nur noch der Pigmentbrei übrig bleibt.
9 Den Pigmentbrei in einen Papierfilter gießen und abtropfen lassen – am besten über Nacht, denn es dauert, bis die gesamte Flüssigkeit durch den Filter getropft ist.
10 Wenn alles gut läuft, bleibt ein farbiger Rückstand im Filter zurück. Den Filter vorsichtig aus der Halterung nehmen und auf eine ebene Fläche legen. Den Inhalt komplett durchtrocknen lassen. Das kann ein paar Tage dauern.
11 Die getrockneten Pigmentbrocken im Mörser zu einem sehr feinen Pulver zerstoßen. Fertig ist das Pigment!
12 Das Pulver sofort zur Herstellung von Ölfarben, Pastellkreiden, Wachsmalkreiden oder Wasserfarben verwenden oder in einem dicht schließenden Behälter aufbewahren.

Farbpigment

Benötigt wird ein Stoff aus reinen Naturfasern wie Wolle, Hanf, Leinen oder Baumwolle, der vor dem Färben gebeizt werden muss. Dafür lassen sich verschiedene Anleitungen im Internet finden.

TEXTILFARBE

Kleidung färben mit Pflanzen

Seit Jahrhunderten werden Textilien schon mit Brennnesseln gefärbt. Heutzutage bevorzugt man meist synthetische Farben. Das ist schade, denn natürliche Farbtöne wirken oft viel lebendiger. Außerdem sind Pflanzenfarben umweltfreundlich, und man sagt, dass gerade Brennnesselfarbe schonend zur Haut ist. Das klingt auch plausibel, denn immerhin ist die Brennnessel eine Heilpflanze.

SO WIRD ES GEMACHT

1. Den gebeizten Stoff über Nacht in einem Eimer mit Wasser einweichen. Die Brennnesseln in kleine Stücke schneiden und in den großen Topf geben. Den Topf bis knapp unter den Rand mit Wasser füllen und die Mischung zum Kochen bringen. 15 Minuten köcheln, dann über Nacht stehen lassen.
2. Die Flüssigkeit durch ein feines Sieb gießen, das ist das Färbebad. In den Topf gießen und auf den Herd stellen. Den Stoff auswringen und in das Färbebad legen. Es ist wichtig, dass sich der Stoff im Wasser frei bewegen kann. Falls nötig, mehr Wasser zugießen.
3. Zum Kochen bringen und häufig umrühren. Der Stoff muss immer vollständig untergetaucht sein.
4. Bei Wollstoff den Topf sofort vom Herd nehmen, sobald das Färbebad den Siedepunkt erreicht. Leinen oder Baumwolle 30–60 Minuten köcheln lassen. Zwischendurch gelegentlich das Färbeergebnis kontrollieren. Je länger der Stoff im Färbebad bleibt, desto intensiver wird die Farbe. Ich lasse den Stoff über Nacht im Färbebad, damit die Farbe gut einzieht.
5. Den Stoff unter fließendem Wasser ausspülen und zum Trocknen aufhängen.

MATERIAL

- ein Kleidungsstück, Meterware Stoff oder Garn aus Naturfaser, vorher gebeizt
- Wasser
- 500 g frische Brennnesseln

- *Eimer*
- *großer Topf*
- *feines Sieb, Käseleinen (Seihtuch) oder Nussmilchbeutel*
- *alte Kelle oder Kochlöffel*

WACHSMALSTIFTE

Prima für Kinder

Wachsmalstifte kennt jeder aus der Kindheit. Man kann sie ganz einfach mit natürlichen Pigmenten selbst herstellen. Für grüne Wachsmalkreiden verwenden wir Brennnesselpigment. Ein tolles selbst gemachtes Geschenk für kreative (kleine) Menschen!

MATERIAL

- 50 g Sojawachs
- 50 g Brennnesselpigment (siehe S. 153)

- *Bain-Marie (Küchengerät zum Schmelzen und Warmhalten)*
- *Stiftform aus Silikon*

SO WIRD ES GEMACHT

1. Das Wachs im Wasserbad schmelzen.
2. Das Pigment unter das geschmolzene Wachs mischen.
3. Die Mischung direkt in die Silikonform gießen.
4. Gut aushärten lassen, dann die Wachsmalstifte aus der Form lösen. Wer möchte, kann sie noch mit einem Messer anspitzen.

> **TIPP**
> Den Sojawachs nach Belieben teilweise durch Carnaubawachs ersetzen, damit die Stifte nicht so leicht brechen und weniger schmieren.

Sojawachs

TIERE

Die Brennnessel ist nicht nur für den Menschen gesund und nützlich. Auch für Tiere ist sie eine hervorragende Quelle für Proteine, Vitamine und Mineralien. Die Brennnessel unterstützt die allgemeine Gesundheit der Tiere, wirkt sich positiv auf den Kreislauf aus, verbessert die Widerstandskraft und fördert die Ausscheidung von Stoffwechselprodukten.

Die Brennnessel ist eine gute Ergänzung zum täglichen Tierfutter. Sie lässt das Fell glänzen und steigert nachweislich die Milchproduktion. Wildtiere fressen frische Brennnesseln, während Rinder und Haustiere eher getrocknete Brennnesseln gemischt mit Heu bevorzugen. Tiere mit Verdauungsproblemen oder Energiemangel gewinnen durch Brennnesselsamen mehr Vitalität. Für Haustiere die Brennnesseln vor dem Füttern mit einem Nudelholz überrollen oder mit heißem Wasser übergießen, um die Brennhaare unschädlich zu machen.

Darüber hinaus ist die Brennnessel eine Wirtspflanze für viele Tiere – also eine Pflanze, auf die manche Tiere angewiesen sind, damit ihre Art überleben kann. Zu ihnen gehören die Raupen von schönen Schmetterlingen wie dem Tagpfauenauge, dem Admiral und dem Kleinen Fuchs.

Die Brennnessel bietet vielen kleinen Tieren Unterschlupf und Nahrung. Marienkäfer, Wanzen und Käfer, aber auch Vögel und Schnecken lieben die Brennnessel. Die Nachtigall baut ihr Nest zwischen Brennnesseln, um sich vor Feinden zu schützen. Die Brennnessel ist also auch ein echter Tierfreund.

HAUS- UND NUTZTIERE

Gesundes Beifutter

Kühe, Ziegen, Hühner und Pferde lieben Brennnesseln. Getrocknete Brennnesseln sind eine gute Ergänzung zu ihrem täglichen Futter und bringen ihr Fell zum Glänzen. Es ist sogar erwiesen, dass Hühner durch Brennnesseln mehr Eier legen und Kühe mehr Milch geben!
Auch für Haustiere wie Kaninchen, Meerschweinchen und Wellensittiche sind Brennnesseln ein wertvoller Futterzusatz. Brennnesseln sind reich an Vitamin A und C, Schwefel, Eisen und Natrium. Sie regen die Nierentätigkeit an und fördern die Ausscheidung von Giftstoffen. Außerdem steigern sie bei säugenden Kaninchen und Meerschweinchen die Milchproduktion.

MATERIAL

- große Mengen an frischen Brennnesseln
- *Eimer oder Dose mit Deckel*

SO WIRD ES GEMACHT

1. Die Brennnesseln im Freien auf einem Tisch ausbreiten, damit Insekten, die zwischen ihnen sitzen, noch entwischen können.
2. Die Pflanzen in grobe Stücke schneiden und an einem sonnigen Ort trocknen lassen.
3. Die getrockneten Brennnesseln zwischen den Händen reiben, um sie weiter zu zerkleinern.
4. In einen Behälter füllen und diesen gut verschließen. An einem dunklen, trockenen Ort aufbewahren.

VERWENDUNG

Regelmäßig eine Handvoll ins Heu oder Futter geben. Für kleinere Tiere (z. B. Wellensittiche) die getrockneten Blätter in einem Mörser noch feiner mahlen und unter das Futter mischen.

INSEKTENPARADIES

Quartier für viele Tiere

Die Brennnessel ist ein echter Tierfreund, und sie trägt zur Artenvielfalt bei, denn viele Tiere leben von und auf der Pflanze. Dutzende von Insektenarten sind auf die Brennnessel als Wirtspflanze angewiesen. Die Raupen von Schmetterlingen wie Tagpfauenauge, Admiral und Kleiner Fuchs ernähren sich ausschließlich von der Brennnessel. Grund genug, ihr (wenigstens) eine Ecke im Garten zu reservieren.

SO WIRD ES GEMACHT

1 Die Samen der Brennnesseln in der Umgebung sammeln. Die Samen reifen in Trauben von Juli bis Oktober. Die kompletten Trauben abschneiden und in einer Schale sammeln.

2 Eine geschützte, etwas abgelegene Ecke im Garten auswählen, denn Brennnesseln können sich leicht ausbreiten. Wer das vermeiden möchte, sät in einem Kübel aus.

3 Mit einer Schaufel eine flache Saatrille ziehen und die Samen darin ausstreuen. Mit etwas Erde bedecken.

4 Falls es in den nächsten Tagen nicht regnet, anfänglich etwas wässern, möglichst mit Regenwasser.

MATERIAL

- Brennnesselsamen

Marienkäfer

GARTEN

Wer immer noch nicht vom Wert der Brennnessel überzeugt ist, sollte das folgende Kapitel lesen, denn die Brennnessel ist nicht nur gut für Menschen und Tiere, sondern auch für andere Pflanzen.

Brennnesseln sind Pionierpflanzen, die sich dort ansiedeln, wo andere Pflanzen nicht wachsen können, weil der Boden wenig Nährstoffe enthält. Die Brennnessel sorgt dann ihrerseits dafür, dass die richtigen Nährstoffe in den Boden gelangen, damit auch andere Pflanzen dort gedeihen können. Brennnesseln locken außerdem Insekten und Tiere an, die für die Bestäubung sorgen und so die Artenvielfalt schnell erhöhen.

Im Garten sorgen Brennnesseln dafür, dass wertvolle Wirkstoffe in den Boden und somit auch zu den Wurzeln anderer Pflanzen gelangen. Sie fördern das Bodenleben, sodass Zierpflanzen gesünder und kräftiger wachsen können. Pflanzen, die in gesundem Boden wachsen, können leichter Mineralien aus dem Boden aufnehmen, bilden stärkere Wurzeln und sind widerstandsfähiger gegen Schädlingbefall.

Aus Brennnesseln kann man Jauche herstellen, um den Boden zu düngen. Brennnesselextrakt wird zum Schutz anderer Pflanzen vor Schädlingen und Ungeziefer verwendet. Auf dem Komposthaufen beschleunigen Brennnesseln den Verrottungsprozess. Und wenn sie hier und da im Garten wachsen dürfen, schützen sie andere Pflanzen vor Krankheiten und locken nützliche Bestäuberinsekten an. Abgeschnittene, getrocknete Brennnesseln eignen sich als Mulch, um den Boden vor dem Austrocknen zu schützen.

KOMPOST

Beschleunigt die Verrottung

Wer in seinem Garten Platz für einen Komposthaufen hat, kann aus organischen Abfällen einen wertvollen Kompost herstellen. Brennnesseln gehören unbedingt auf den Kompost, denn durch ihren hohen Stickstoffgehalt beschleunigen sie die Zersetzung von organischem Material und tierischem Dung. Der fertige Kompost wird als Dünger und zur Bodenverbesserung eingesetzt.

MATERIAL

- ganze Brennnesseln einschließlich Wurzeln (aber ohne Samen)
- Komposthaufen
- verschiedene pflanzliche Abfälle

SO WIRD ES GEMACHT

1 Am besten eine Schicht Brennnesseln in die Mitte des Komposts legen. Dort regen sie die Verrottung am besten an.

Apfelschalen

JAUCHE

Gut für den Boden

Wer der Natur auf die Sprünge helfen möchte, kann aus Brennnesseln eine Jauche herstellen, um dem Boden und anderen Pflanzen zusätzliche Nährstoffe zuzuführen. Bei der Gärung werden Stickstoff und Spurenelemente freigesetzt.

SO WIRD ES GEMACHT

1. Die Brennnesseln in Stücke schneiden, damit viel davon in den Eimer passt.
2. Mit so viel (Regen-)Wasser übergießen, dass die Brennnesseln vollständig bedeckt sind. Den Eimer an einen sonnigen Platz stellen.
3. Mit dem Stock gelegentlich umrühren, damit Sauerstoff zugeführt wird.
4. Die Mischung eine Woche stehen lassen und täglich umrühren. Nach einigen Tagen beginnt die Mischung zu gären und kräftig zu riechen.
5. Nach zehn Tagen ist die Jauche fertig. Die Flüssigkeit durch ein Sieb gießen und die Pflanzenreste auf den Komposthaufen geben.

MATERIAL

- großer Eimer Brennnesseln
- (Regen-)Wasser

- *Gartenschere*
- *Stock*
- *Sieb*

VERWENDUNG

1 Teil Brennnesseljauche mit 10 Teilen Wasser verdünnen und in eine Gießkanne geben. Offenen Boden damit befeuchten, um ihn mit Nährstoffen anzureichern, oder direkt an Pflanzenwurzeln gießen, um deren Widerstandsfähigkeit zu erhöhen. Brennnesseljauche vertreibt auch Blattläuse und andere Schädlinge.

BEGLEITPFLANZE

Auf gute Nachbarschaft

Die Brennnessel ist eine tolle Begleitpflanze. Sie fördert das Wachstum und die Entwicklung von anderen Pflanzen in ihrer Nähe und kann sie sogar vor Krankheiten schützen. Wenn die oberirdischen Teile der Brennnesseln im Herbst absterben, geben sie Nährstoffe an den Boden ab. Außerdem lockt die Brennnessel Bienen und andere Bestäuberinsekten an, aber auch Nützlinge wie Marienkäfer, die ihrerseits Blattläuse fressen. Vor allem Beerensträucher profitieren von der Gesellschaft, zumal Brennnesseln auch die Früchte vor Vögeln schützen.

ANBAU

aus Samen und Stecklingen

Wer möchte, kann Brennnesseln im eigenen Garten anpflanzen, um immer frische Blätter griffbereit zu haben. Die Brennnessel ist anspruchslos, gedeiht aber besonders gut auf stickstoffreichen Böden und in der Nähe von Komposthaufen und Nutzgärten. Ihre kräftigen Wurzeln belüften den Gartenboden und entziehen ihm Giftstoffe, wodurch er fruchtbarer wird. Allerdings breiten sich Brennnesseln leicht aus. Damit sie nicht den ganzen Garten erobern, ist es empfehlenswert, die Pflanzen in einem abgegrenzten Bereich oder einem Kübel zu halten.

SO WIRD ES GEMACHT

1 Von August bis Oktober kann man die Samen sammeln. Sie hängen in Trauben am Stängel und lassen sich leicht mit einer Schere ernten. Ab April können sie ausgesät werden. Dafür einfach kleine Löcher in die Erde stechen, Samen hineinlegen und mit etwas Erde bedeckten.

2 Triebstecklinge schneidet man im Frühjahr und stellt sie eine Weile in Wasser, bis sich Wurzeln bilden. Dann können sie eingepflanzt werden. Es ist auch möglich, die Wurzeln auszugraben und diese für Stecklinge zu verwenden.

MATERIAL

- Samen oder Stecklinge von Brennnesseln

Steckling

MULCH

Schützt und nährt

Die Brennnessel eignet sich hervorragend zum Mulchen, weil sie andere Pflanzen schützt und den Boden mit Nährstoffen versorgt. Wenn die Brennnesseln verrotten, geben sie Stickstoff und wertvolle Mineralien an den Boden ab.
Die Mulchschicht verhindert außerdem die Verdunstung von Bodenfeuchtigkeit und unterdrückt das Wachstum von Unkraut. Man kann die Blätter der Brennnessel auch um Obstbäume legen, um die Früchte vor Pilzbefall zu schützen.

MATERIAL

- hohe Brennnesseln ohne Samen
- *Gartenschere*

SO WIRD ES GEMACHT

1. Die Brennnesseln knapp über dem Boden abschneiden, damit sie wieder austreiben können. Bei Bedarf die Stängel in kürzere Stücke schneiden.
2. Die Brennnesseln entweder sofort auf den Beeten verteilen oder trocknen und im Herbst als Mulch verwenden.
3. Die Brennnesselstücke um die Pflanzen herum legen oder offene Bodenflächen damit bedecken.

Gartenschere

SCHÄDLINGSBEKÄMPFUNG

Ganz ohne Chemie

In verdünnter Form kann Brennnesselextrakt zur Schädlingsbekämpfung eingesetzt werden. Blattläuse, Milben, Apfelwickler und andere unerwünschte Gäste lassen sich zuverlässig mit dem Extrakt vertreiben. Er wirkt sogar bei Pilzbefall.

SO WIRD ES GEMACHT

1 Die Brennnesseln in kleine Stücke schneiden und in den kleinen Eimer geben.
2 Mit dem Regenwasser bedecken und 24 Stunden stehen lassen.
3 Die Flüssigkeit abseihen und die Pflanzenreste auf den Komposthaufen geben.
4 Die Flüssigkeit in eine Pflanzenspritze geben und gefährdete oder bereits befallene Pflanzen damit besprühen.

MATERIAL

- 100 g Brennnesseln mit Wurzeln
- 1 l Regenwasser

- *Gartenschere*
- *kleiner Eimer*
- *Sieb*
- *Gartenspritze oder einfache Sprühflasche*

Blattläuse

FLÜSSIGDÜNGER

Für kräftigeren Wuchs

Das Bodenleben im Garten liebt einen Schuss Brennnesselabsud. Mit seinem hohen Gehalt an Stickstoff, Magnesium, Eisen und Schwefel fördert er die Entwicklung von Mikroorganismen. Die Pflanzen wachsen besser, weil sie Mineralien leichter aus dem Boden aufnehmen können. Brennnesselabsud bekämpft die Chlorose (Gelbfärbung der Blätter) und fördert die Fotosynthese. Ihre Pflanzen bekommen stärkere Wurzeln, wachsen kräftiger und sind widerstandsfähiger gegen Schädlinge und Krankheitserreger.

MATERIAL

- 1 kg Brennnesseln
- 5 l Regenwasser

- *Gartenschere*
- *großer Topf*
- *Sieb*
- *Gießkanne oder Gartenspritze*

SO WIRD ES GEMACHT

1. Die Brennnesseln in kleine Stücke schneiden und in den großen Topf geben.
2. Das Wasser zugießen und aufkochen.
3. Etwa 30 Minuten sanft köcheln lassen, dann vom Herd nehmen.
4. Über Nacht stehen lassen, dann die Flüssigkeit abseihen und die Pflanzenreste auf den Komposthaufen geben.

VERWENDUNG

1 Teil Brennnesselabsud mit 10 Teilen Wasser mischen. In eine Gießkanne oder Gartenspritze geben und die Pflanzen damit benetzen. Samen, die über Nacht in eine Schale mit verdünntem Brennnesselabsud gelegt werden, keimen besser.

ZUM WEITERLESEN

Detto, Simone: ***Die wilden Neun*** (2023), Verlag Eugen Ulmer.

Hissel, Janine: ***Megalästig – megalecker – megagesund*** (2023), Verlag Eugen Ulmer.

Hissel, Janine & Schwarzer, Elke: ***Das kleine Unkraut-Kochbuch*** (2021), Verlag Eugen Ulmer.

Höfflin-Rock, Bärbel: ***Wildkräuterküche*** (2020), Verlag Eugen Ulmer.

Höller, Anke: ***Mein kleines Kräutercafé für zu Hause*** (2022), Verlag Eugen Ulmer.

Ritter, Claudia: ***Immunsystem stärken mit Heilpflanzen aus Natur und Garten*** (2022), Verlag Eugen Ulmer.

VON DER AUTORIN

Löwenzahn

Werkstatt Natur

HAFTUNGSAUSSCHLUSS

Die in diesem Buch enthaltenen Empfehlungen und Angaben sind von der Autorin mit größter Sorgfalt zusammengestellt und geprüft worden. Eine Garantie für die Richtigkeit der Angaben kann aber nicht gegeben werden. Autorin und Verlag übernehmen keine Haftung für Schäden und Unfälle. Bitte setzen Sie bei der Anwendung der in diesem Buch enthaltenen Empfehlungen Ihr persönliches Urteilsvermögen ein. Der Verlag Eugen Ulmer ist nicht verantwortlich für die Inhalte der im Buch genannten Websites.

DANK

Viele liebe Menschen haben zur Entstehung dieses Buchs beigetragen. Ihnen möchte ich hier danken. Da ist an erster Stelle mein Mann Jerome, der immer meine wilden Ideen unterstützt und mir den Freiraum gibt, sie zu verwirklichen. Ohne deine Liebe und deine Begeisterung wäre dieses Buch nie zustandegekommen! Vielen Dank auch an unsere Söhne Tom und Daan, die so oft als Versuchskaninchen für die Rezepte herhalten mussten und als Hand- und Fuß-Model mitgewirkt haben. Ein besonderer Dank geht an meine Mutter, die mich gelehrt hat, auf das zu vertrauen, was ich tue. Und ein großes Dankeschön an meinen wunderbaren Bruder Jurian, der sich ein ganzes Weihnachtsmenü rund um die Brennnessel ausgedacht hat – die Rezepte sind in diesem Buch zu finden. Danke an den Rest meiner (Schwieger-)Familie und unsere lieben Freunde, die sich so geduldig all meine Geschichten über die Brennnessel angehört haben.

Danken möchte ich auch Maaike Pfann, die mein Herz für Wildpflanzen geöffnet und damit indirekt den Anstoß zu diesem Buch gegeben hat. Danke an Heleen Gierveld, die von Anfang an für diese Idee offen war. Danke an Anne Bezuijen-Struik, die mich gelehrt hat, Ziegenkäse herzustellen, und die das Rezept in diesem Buch entwickelt hat. Während der Arbeit an diesem Buch entstand ein sehr netter Kontakt zu Sabien Bosman und Annette van Ruitenburg, die ebenfalls an einem Wildpflanzenbuch arbeiteten. Vielen Dank, Annette, dass ich dein köstliches Brennnesselpasta-Rezept verwenden durfte.

Vielen Dank auch an Marin und Linda von de Wilde School, die uns das überraschende Latte-Rezept zur Verfügung gestellt haben. Die Kräuterexpertin und Autorin Leoniek Bontje war so freundlich, ein spezielles Rezept für die Wurzeltinktur beizusteuern. Evelien van Zonneveld von Werfzeep hat mir erlaubt, ihr Rezept für Brennnesselseife zu verwenden. Loes Schepens und Judith Rosema haben mir gezeigt, wie man aus Brennnessel Papier herstellt.

Ohne die klaren Erklärungen von Xander Remkes wären mir die Fotos für dieses Buch nicht so gut gelungen, vielen Dank dafür. Danke an Marjolein Grote für die Erlaubnis, im Nutzwald der Restorative Agriculture Foundation zu fotografieren, und an ihre Tochter Roos Brugman für die wunderschönen Illustrationen. Danke an Jetske Amijs für die gelungenen Fotos, auf denen ich zu sehen bin. Und danke an das gesamte Team von De Hoorneboeg. Ich habe die Arbeit an meinem Buch an diesem wunderschönen Ort inmitten der Natur sehr genossen.

Ich empfinde es als Privileg, von so vielen wunderbaren Menschen umgeben zu sein.

Natasja

IMPRESSUM

Anmerkung zur Schreibweise (Gendering): Gendergerechtigkeit und Inklusion sind bei uns gelebte Praxis – bei der Auswahl unserer Themen, bei der Recherchearbeit, in der Gestaltung. Unsere Texte meinen alle. Damit unsere Inhalte jedoch gut lesbar bleiben, verzichten wir in diesem Werk auf die jeweilige Mehrfachnennung oder Anpassung der Schreibweise bestimmter Bezeichnungen an die weibliche, männliche oder diverse Form.

Bibliografische Information
der Deutschen Nationalbibliothek
Die Deutsche Nationalbibliothek verzeichnet diese Publikation in der Deutschen Nationalbibliografie; detaillierte bibliografische Daten sind im Internet über http://dnb.d-nb.de abrufbar.

Die niederländische Originalausgabe von Natasja van der Meer erschien erstmals 2025 unter dem Originaltitel „Het Brandnetelboek - Recepten voor huis, tuin en keuken" bei Terra Publishing.
Niederländische Originalausgabe:

Terra maakt deel uit van TerraLannoo bv
Postbus 23202
1100 DS Amsterdam, Nederland
terra@lannoo.nl
www.terra-publishing.com

Text und Konzept: © Natasja van der Meer,
www.nativenature.com
Redaktion und Korrektorat: Barbara Luijken
Covergestaltung und Layout:
Lian Hendrickx, lianinline.nl
Alle Fotos von Natasja van der Meer, ausgenommen S. 4, 9, 10, 21, 57, 180, 188, 191 (Jetske Amijs), S. 13 (Roos Brugman), S. 24, 42, 43 (Ruth de Ruwe), Cover und S. 3, 17, 70, 162, 164, 166, 167, 170, 176, 183, 184, 186 (Shutterstock)

Wollgrasweg 41, 70599 Stuttgart (Hohenheim)
E-Mail: info@ulmer.de
Internet: www.ulmer.de
Projektleitung: Saskia Hoen
Übersetzung: Wiebke Krabbe, Damlos
Lektorat & Satz: lesezeichen Verlagsdienste, Köln
Umschlaggestaltung: Verlag Eugen Ulmer
Druck und Bindung: BALTO print
Printed in Lithuania

ISBN 978-3-8186-2710-2